专业盘发
造型教程

灌木艺美研创中心 / 编著

人民邮电出版社
北　京

图书在版编目（CIP）数据

专业盘发造型教程 / 灌木艺美研创中心编著. -- 北
京 : 人民邮电出版社，2019.2（2023.8重印）
ISBN 978-7-115-49990-5

Ⅰ．①专… Ⅱ．①灌… Ⅲ．①发型－设计－教材
Ⅳ．①TS974.21

中国版本图书馆CIP数据核字(2018)第264755号

内 容 提 要

本书是专业发型设计师的入门教程，书中从盘发的基础技法讲起，通过图文详解的方式深度讲解前倾式发髻、扇形发髻、球形发髻、侧偏式发髻的操作技巧，让读者掌握基础的盘发技法。

本书适合造型师阅读。

◆ 编　　著　灌木艺美研创中心
　　责任编辑　李天骄
　　责任印制　周昇亮
◆ 人民邮电出版社出版发行　　北京市丰台区成寿寺路 11 号
　　邮编　100164　电子邮件　315@ptpress.com.cn
　　网址　http://www.ptpress.com.cn
　　北京捷迅佳彩印刷有限公司印刷
◆ 开本：787×1092　1/16
　　印张：11.5　　　　　　　2019 年 2 月第 1 版
　　字数：437 千字　　　　　2023 年 8 月北京第 3 次印刷

定价：79.00 元
读者服务热线：(010)81055296　印装质量热线：(010)81055316
反盗版热线：(010)81055315
广告经营许可证：京东市监广登字 20170147 号

本书使用说明

节标题

1.2 头顶区扎一股辫

操作步骤
图片

针对操作
步骤的文
字说明

01. 以耳朵前上方和头顶黄金点的连线为界，将头发前后分开。

02. 将尖尾梳顶端紧贴在头顶中心偏左 2~3 厘米的位置。

03. 以步骤 02 中的位置为起点，在后脑区左侧面画曲线来给头发分区。

04. 向着正中线位置将尖尾梳斜向下画曲线，到正中线时停止梳理。

05. 右侧发区也同样地从头顶中心偏右 2~3 厘米的位置开始，在后脑面右侧面画曲线来给头发分区。

06. 将已经分区的头发用包发梳进行梳理。首先，将包发梳从发束中间的下方向上插入，梳理到发梢为止（※1）。

※1 头顶一股辫的形状

将头发分开时，尖尾梳的顶端直接竖直向下进行，一股辫的发量会变得较多，从而不容易向上梳理并固定，因此要画出弯曲的线。

 ✓

 ✗

 ✗

步骤中的
重点讲解

页码

二维码使用说明

3.2 头顶区扎两个一股辫

01.以耳朵前上方和头顶黄金点的连线为界，将头发前后分开。

02.将尖尾梳顶端紧贴在头顶中心偏左2~3厘米的位置，向后脑区左侧面画线来分区。

03.到正中线为止，曲线最低点最好距离后颈发际线3~4厘米。用左手固定住后脑区左侧分区后的发束，并以食指紧贴在正中线上。

04.右侧发区也同样使用尖尾梳画曲线，给头发分区。

05.一股辫分区后的状态。

06.将尖尾梳的尾部紧贴在正中线和分区线交叉点上，竖直向上画直线，将发束左右分开。将尖尾梳的尾部沿着头皮画线，头发会很容易分开。

打开手机，扫一扫二维码，即可观看高清视频。

打开手机，扫一扫二维码，即可观看高清视频，零距离学习发型设计关键技术。

目录
CONTENTS

第 1 章 前倾式发髻

第 2 章 扇形发髻

第 3 章 球形发髻

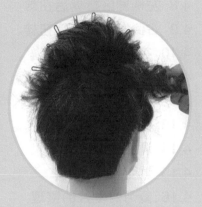

第 4 章 侧偏式发髻

第1章 前倾式发髻

本书将介绍在头发内侧包裹假发片并进行固定的造型。第1章中，首先对一股辫包裹假发片和前倾式发髻组合的造型的制作方法进行了解说，其次，对前额区的分区和两侧发区的整理，以及调整发髻的方式，也进行了介绍。

1.1 造型介绍

制作发型的流程

首先要扎起头顶一股辫，将分区线下方的发束进行倒梳并固定假发片，将后脑区的发束分别进行倒梳和梳理之后扎起一股辫。给前额区分区并将两侧发区分别进行扭转后做圆形卷，对头顶区一股辫则制作前倾式发髻，后脑区一股辫编成三股辫后做圆形卷固定。

①在头顶区扎起一股辫。

②在头顶一股辫橡皮筋下方固定假发片。

③将后脑区发束向上包裹假发片并扎起一股辫。

④扭转两侧发区，做圆形卷。

⑤在头顶一股辫橡皮筋前方固定假发片。

⑥使用头顶一股辫包裹假发片并整理成前倾式发髻。

前倾式发髻

后脑区发束包裹住假发片后扎起一股辫，使后脑区产生蓬起的量感；头顶区则先扎起一股辫再包裹假发片，形成前倾式发髻。如果要做成不使用假发片的造型的话，可以一边做一边确认到底和使用假发片的造型有哪些不同之处，然后在实际操作中加以比较和体会。

学习这个发型就会做

● **学会包发梳的使用技巧**

整理并固定假发片以后，如果不注意包发梳的使用，在梳理发束时会接触到假发片并影响其形态。为了能形成美观的发型，请有技巧地运用包发梳。

● **知道为达到最终设计效果而倒梳头发的方法**

使用假发片的造型，倒梳头发是必不可少的。一边理解倒梳头发的目的，一边继续进行操作。

● **了解前倾式发髻的制作方法**

前倾式发髻是固定假发片后，向前倾斜，覆盖包裹假发片的造型。为了形成美观的头发走向和光滑的表面效果，要记住梳理的技巧。

打开手机，扫一扫二维码，即可观看高清视频。

1.2　头顶区扎一股辫

01. 以耳朵前上方和头顶黄金点的连线为界，将头发前后分开。

02. 将尖尾梳顶端紧贴在头顶中心偏左 2~3 厘米的位置。

03. 以步骤 02 中的位置为起点，在后脑区左侧面画曲线来给头发分区。

04. 向着正中线位置将尖尾梳斜向下画曲线，到正中线时停止梳理。

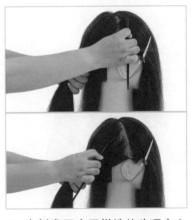

05. 右侧发区也同样地从头顶中心偏右 2~3 厘米的位置开始，在后脑区右侧面画曲线来给头发分区。

06. 将已经分区的头发用包发梳进行梳理。首先，将包发梳从发束中间的下方向上插入，梳理到发梢为止（※1）。

※1　头顶一股辫的形状

将头发分开时，尖尾梳的顶端直接竖直向下进行，一股辫的发量会变得较多，从而不容易向上梳理并固定，因此要画出弯曲的线。

07.一边将发束向上提拉，一边使用包发梳梳理，直至发尾。

08.继续一边使用包发梳梳理，一边向上提拉发束，直至头顶上方位置（※2）。

09.换成尖尾梳进行梳理。将尖尾梳的梳齿相对发束成直角插入右侧发束中，能够更充分地梳理头发。梳理至发梢为止。梳理的过程中，要将发束夹在右手拇指和梳子之间。

10.在梳理的过程中，尖尾梳带动发束逆时针翻转90°，左手握住发束的发根。用尖尾梳梳理到发梢为止，使发束顺滑，然后将尖尾梳抽出。

11.在头顶的黄金点位置将发束用橡皮筋扎成一股辫。

12.一股辫完成的状态。

※2　发束向上提拉的梳理方法

将一束已经集中起来的发束用包发梳梳理的时候，并不是一气呵成，一直梳到发梢，而是一边将发束向上提拉，一边继续进行梳理。

1. 在发束的中间，从上方插入包发梳的鬃毛，向下梳理到发梢为止。

2. 左手略微提高发束位置，右手使用包发梳进行梳理，梳理方向也要提高，同时将发束夹在拇指和梳子之间进行提拉。

1.3　后脑区发束分区倒梳

13. 在距分区线底部 2~3 厘米的右侧分区线上紧贴尖尾梳尾部。

14. 用尖尾梳向左下方画斜线至正中线，取厚度约 1 厘米的发束。

15. 继续使用尖尾梳尾部向左上方画斜线，至分区线底部 2~3 厘米的左侧分区线上，在右侧同样取厚度约 1 厘米的发束。

16. 将取出的发束用左手握住。

17. 从发束的根部开始到发梢为止，用尖尾梳进行梳理。

18. 左手食指和中指夹住发束的发梢一侧，使发束的表面松散，平铺成薄薄的一层，便于之后对发束进行倒梳。

3. 左手提高发束位置至头顶上方，右手使用包发梳也向上方进行梳理，右手控制发束不松散，左手在下方掌握发束方向。

4. 左手握住发束，保持向上提拉的状态。右手使用包发梳从下方插入发束中进行梳理，至发梢为止。

5. 再一次从下方插入包发梳进行梳理。梳理至发尾时，左手握住发束的发根处，将发根位置定在头顶的黄金点上。

13

19. 将尖尾梳的梳齿相对发束成直角插入发尾中，向上倒梳，使发束蓬松（※3）。

20. 倒梳至中间位置后停止，并抽出尖尾梳。

21. 在步骤20中将尖尾梳抽出的位置，稍稍向下移动并插入尖尾梳的梳齿。注意，每一次进行倒梳的起始位置都要比上一次略微偏上一点，同样，结束的位置也相应偏上一点。

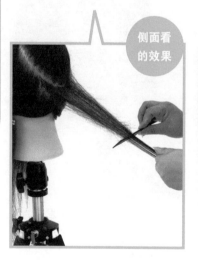

侧面看的效果

侧面看的效果

侧面看的效果

※3 发束的倒梳

在分区线下方取厚度为1厘米的发束进行倒梳，是为了在覆盖包裹假发片时，填充假发片与发束之间的空隙。在这一位置选择一定厚度的发束进行倒梳，既能满足要求，也避免了对整束发束进行倒梳带来的操作困难。

22. 使用尖尾梳向发根方向进行倒梳，至发束上方的位置，而后抽出尖尾梳的梳齿。

23. 在步骤 22 中将尖尾梳抽出的位置，稍稍向下移动并插入尖尾梳的梳齿。

24. 使用尖尾梳向发根方向进行倒梳，至靠近分区线的位置，而后抽出尖尾梳的梳齿，将倒梳蓬起的发束集中在分区线附近（※4）。

侧面看的效果

侧面看的效果

侧面看的效果

※4 倒梳发束到发根为止

如果倒梳发束直到分区线位置才停止的话，发束会在根部打结并形成不够自然的厚度效果。需要操作者在靠近分区线的位置仔细倒梳发束，以蓬起的发束刚好能够隐约遮盖分区线为佳。

在发根处倒梳发束，达到能够模糊看到分区线的程度即可。

不在发根处倒梳发束的话，就能很明显地看到分区线了。

25. 倒梳发束至发根后，将尖尾梳的梳齿朝下按压在分区线上，对倒梳发束的表面进行整理，然后抽出尖尾梳。

26. 倒梳发束完成后的状态（※5）。

27. 为了与已经倒梳完成的分区线下方发束形成自然的衔接，也需要对分区线周围的发束进行倒梳。在距分区线底部2~3厘米的左侧分区线上紧贴尖尾梳尾部。

28. 使用尖尾梳尾部向左上方画斜线，至分区线左侧中间位置，取厚度约1厘米的发束。

29. 对分取出的左下方发束进行梳理并用左手捏住发梢部分，拉直发束。

※5 **目标是做成这样的倒梳发束**

到发根为止仔细地进行倒梳操作，在完成后可以尝试将尖尾梳尾部插入倒梳蓬起的发束之中，以尖尾梳不会掉下来为佳。如果还没有掌握倒梳发束的完成状态，就可以使用这个方法来进行测试。

30. 以与步骤 19~27 相同的方式，对发束进行倒梳操作。

31. 以与步骤 28 相同的方式，取分区线左上方厚度约 1 厘米的发束。

32. 以与步骤 19~27 相同的方式，对发束进行倒梳操作（※6）。

33. 分区线右侧也一样，在距分区线底部 2~3 厘米的右侧分区线上紧贴尖尾梳尾部，向右上方画斜线，取厚度约 1 厘米的发束并进行倒梳。注意发束之间的空隙要自然衔接（※7）。

34. 完成分区线右下方发束的倒梳后，移动到分区线的右上方，分取约 1 厘米厚度的发束。

35. 以与步骤 19~27 相同的方式，对发束进行倒梳操作。

※6 倒梳发束的范围

在分区线外侧倒梳发束时要注意范围，以倒梳后脑区发束为主，靠近两侧发区和前额区的发束不需要进行倒梳操作。

这个部分不要倒梳

这个部分要倒梳

※7 什么是空隙

步骤 13~38 是对分区线外侧的发束进行倒梳的操作，此时将发束分成若干部分来倒梳，空隙就是指这些发束之间的连接处。

36.倒梳至发根位置，使蓬起的发束能够隐约遮盖分区线。抽出梳齿，查看整体效果。

37.观察分区线周围的发束是否都进行了倒梳，以及不同位置分取出的发束倒梳后，相互之间的过渡是否自然。对产生缝隙的地方进行整理，并再次重复倒梳操作，加强分区线周围发束的蓬起效果，以达到能遮盖分区线的程度。

38.分区线周围发束倒梳完成后的状态（※8）。

※8 在分区线周围倒梳发束

倒梳发束的最后阶段要重点处理分区线周围的倒梳发束，这部分区域的倒梳发束蓬起后要遮盖分区线，使其整体看上去形成一致的倒梳效果。

步骤36完成后的状态

步骤37完成后的状态

1.4 整理假发片的形态

39.首先要检查大块假发片的状态，选择表面平整美观的部分进行摘取。

40.对假发片进行摘取，目测其大小与手掌差不多即可。

41.这是摘取出的假发片的状态。

42.右手握住假发片，左手从其一侧再次摘取出一小部分，而后将右手的假发片整理成三角形。

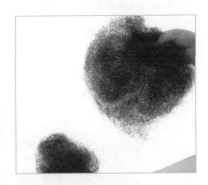

43.将左手摘取出的小部分假发片包裹进右手的三角形假发片之内，这个时候要用右手压住三角形的假发片。注意小部分的假发片既不能从旁边露出来，也不能从三角形假发片的上方穿透出来。

44.重复步骤 42 的操作，从融为一体的假发片中再次摘取一小部分。

45.重复步骤 43 的操作，将摘取出的小部分假发片包裹进大假发片之内。这种摘取小部分假发片，向大假发片内包裹的操作要多次反复进行。

46.多次重复步骤 43 之后的操作，反复的摘取和包裹使得中心处比较厚重，周围则较为稀薄，外形则保持为三角形。

47. 用两手夹住假发片，仔细确认中心的厚度是不是已经形成了（※9）。

48. 从三角形假发片下方的底边中点处拉出一束假发片，向对侧的顶角方向拉取。

49. 将已经拉取出的假发片拉至对侧顶角，并越过顶角向内侧继续拉取，相当于将假发片包裹起来的效果。

50. 三角形假发片整理完成后的形态。其中一端会出现细小松散的发丝。由于在后面的操作中会进行进一步整理，所以在目前这个阶段，先不要对这一部分进行整理。

※9　厚度的形成

用两手夹住的时候，不能感觉到厚度的话，就表示假发片合适的形态尚未形成。

1.5　固定假发片

51. 已经整理好的假发片，要固定在指定区域上并用发束遮盖包裹起来。这里需要将假发片固定在一股辫后方的分区线以内，注意假发片的前侧不应超过一股辫的橡皮筋位置。

52. 左手按压住假发片的左侧保持不动，右手对右侧的假发片进行调整。

53. 右手手指插入到假发片和发根的间隙中，将假发片周边稀薄的发丝卷入内侧并整理假发片的形状。

54. 右手稍稍向下移动，如步骤53一样，将假发片的周围卷进内侧。在不同的位置适当地变化手法，需要整理形态时，可以将手掌屈起，用手掌左侧整理出弧度。

55. 整理左侧假发片时，用右手按住右侧假发片不动，左手对左侧的假发片进行整理。

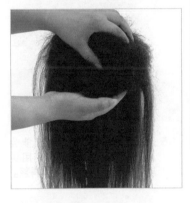

56. 整理下方假发片时，也是用一只手按住上方假发片不动，另一只手整理下方假发片，此时左右手的分工可根据习惯自由选择（※10）。

※10　不同情况下假发片的整理

假发片下方比较稀薄的时候

用一只手压住假发片上方，另一只手在下方进行整理，有意识地将上方假发片表面下移，解决下方假发片厚度不足的问题。

假发片上方比较稀薄的时候

用一只手压住假发片下方，另一只手在上方进行整理，有意识地将下方假发片表面上移，解决上方假发片厚度不足的问题。

57.用左手固定住整理好的假发片。

58.用 U 型夹将假发片固定住。

59.一共有 4 个地方需要固定，分别是左上、左下、右上和右下，整体成 X 形。注意固定 U 形夹的方向，防止从另一侧露出 U 型夹的夹头。

第 1 章 前倾式发髻

60.用 U 型夹固定的部分可能会产生凹陷或不平整，使用尖尾梳的梳齿进行梳理和调整。

61.使用尖尾梳的尾部插入假发片内，上挑或者下压，对假发片整体的厚度进行调整。

62.假发片固定完成后的状态（※11）。

※11 固定假发片的方法

1. 在假发片的一端，距离头皮 1 厘米左右的位置将 U 型夹插入。

2. 保持 U 型夹平行于分区线的方向，向内插入发束，至 U 型夹中间位置。

3. 将 U 型夹略微竖起，继续向内插入。

4. 当 U 型夹前端碰触到头皮时，停止施加使 U 型夹打开的力。

5. 将 U 型夹向侧面横放。

6. 使 U 型夹横向插入，直到底部，从而将假发片与发根固定在一起。

1.6 倒梳后脑区发束表面

63. 对步骤 13~38 中进行倒梳的发束，要做再一次的倒梳和整理。

64. 将右侧分区线附近的倒梳发束向左上方提拉。

65. 在提拉发束的外侧，即不接触假发片的一侧插入梳齿进行倒梳，只需倒梳中间到发根的部分即可。

66. 将分区线下方附近的倒梳发束向正上方提拉。

67. 同样将发束外侧中间到发根的部分进行倒梳。

68. 左侧分区线附近，也将倒梳发束向右上方提拉，并再次倒梳中间到发根的部分。这样就完成了对后脑区分区线附近倒梳发束的再次倒梳操作。此次倒梳时注意，不要在接触假发片的一侧进行（※12）。

※12 带有方向性的倒梳发束

步骤 13~38 是对后脑区分区线附近的发束内侧，也就是会接触假发片的一侧进行倒梳，而步骤 63~68 是对不接触假发片的外侧进行再次的倒梳。外侧倒梳发束的目的是给发束一个明确的方向性。这样做的话，将后脑区的发束向上集中并遮盖包裹假发片的操作就会比较容易。

步骤 63~68 中倒梳发束外侧可以给发束一个明确的方向。

步骤 13~38 中倒梳发束是为了使发束蓬起，填充假发片和发束之间的空隙。

1.7 包发梳梳理后脑区发束

69.将后脑区发束向下集中。

70.使用S形包发梳梳理发束的发尾和发梢部分。

71.左手握住发束，向上提拉至后颈位置；右手继续使用S形包发梳，梳理发束中间到发梢的部分。

第 1 章 前倾式发髻

72.左手握住发束，再次向上提拉至后脑位置；右手继续使用S形包发梳，梳理发束中间到发梢的部分。

73.左手握住发束，再次向上提拉至耳朵上方位置；右手继续使用S形包发梳，梳理发束中间到发梢的部分。

74.左手握住发束，再次向上提拉至与头顶一股辫橡皮筋齐平的位置；右手继续使用S形包发梳，梳理发束中间到发梢的部分。

75. 将 S 型包发梳右侧的鬃毛紧贴后脑区与右侧发区的分区线。

76. 将 S 型包发梳向后回转，使其侧面与头发贴合。

77. 保持住 S 型包发梳侧面贴合头发的状态，同时向后移动 S 型包发梳，直到发束的中间位置。

上面看的效果

上面看的效果

上面看的效果

78.一直到通过了插入假发片的位置为止，S型包发梳的侧面与头发要始终保持贴合状态。

79.通过固定假发片的位置后，向前翻转S型包发梳，使其方向与步骤75中保持相同的状态。将S型包发梳的鬃毛垂直插入发束中，用右手的拇指和S型包发梳夹住发束（※13）。

80.左手在发束的上面握住，用S型包发梳梳理，直到发梢为止。

上面看的效果

上面看的效果

上面看的效果

※13 梳理时的注意要点

在尚未对固定假发片的部分进行梳理时，如果不将S型包发梳向后回转进行梳理的话，S型包发梳的鬃毛就会梳到假发片的发丝，从而破坏假发片的形态。

S型包发梳未通过固定假发片的位置时，要回转S型包发梳，使用侧面梳理。

S型包发梳通过固定假发片的位置后，就可以使用鬃毛部分进行梳理了。

81 将 S 型包发梳右侧的鬃毛紧贴在后脑区的耳后侧发际线上。

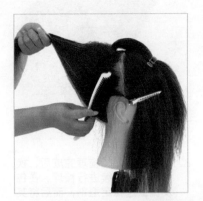

82.与步骤 76~78 相同，将 S 型包发梳向后回转，使其侧面与头发贴合。向上梳理至通过了固定假发片的位置，而后向前翻转 S 型包发梳，并将鬃毛垂直插入发束中，用右手的拇指和 S 型包发梳夹住发束，梳理至发梢。

83.将 S 型包发梳的鬃毛朝下，左侧面紧贴后脑区的后颈发际线向上梳理。

84.梳理至通过固定假发片的位置之前，都要鬃毛朝下，使用侧面进行梳理。

85.通过了固定假发片的位置之后，将 S 型包发梳向后翻转，鬃毛垂直插入发束后，再将 S 型包发梳竖起来，变为与步骤 75 中相同的方向梳理，直至发梢。

86. 后脑区左侧发束也采用同样的方式，使用S型包发梳进行梳理。

87. 用S型包发梳梳理完成后，换为包发梳继续进行梳理。在包发梳上涂抹定型剂，而后将其紧贴在后脑区与右侧发区的分区线上，同样要翻转包发梳，采用侧面与头发贴合的方式。

88. 保持包发梳侧面贴合头发的状态，向上移动包发梳，直到通过了插入假发片的位置为止。移动过程中，包发梳的侧面与头发要始终保持贴合状态。

89. 通过固定假发片的位置后，向前翻转包发梳，使包发梳的鬃毛垂直插入发束中，用右手的拇指和包发梳夹住发束，梳理至发梢。

90. 使用与步骤87~89相同的方法，梳理后脑区右下方耳后的发束和正下方颈部发际线处的发束。

91. 继续使用与步骤87~89相同的方法梳理后脑区左侧发束。

1.8　尖尾梳梳理后脑区发束

92.用包发梳进行梳理后，再使用尖尾梳梳理。开始梳理时，将尖尾梳放平，侧面与头发贴合，梳齿紧贴后脑区与右侧发区的分区线。

93.保持住尖尾梳侧面贴合头发的状态，同时向后移动尖尾梳，至发束的中间位置。

94.通过固定假发片的位置后，向前翻转尖尾梳，使其梳齿垂直插入发束中，继续向发梢位置梳理。

95.用尖尾梳梳理至发尾时，左手从上方握住发束中间位置。

96.左手握住发束不动，右手使用尖尾梳梳理至发梢。

97. 使用与步骤92~96相同的方法，梳理后脑区右下方耳后的发束。

98. 右侧发束梳理完成时，用右手的拇指与尖尾梳夹住发束的尾部，左手从发束的下方握住发束。

99. 左手握住发束不动，右手使用尖尾梳梳理至发梢。

100. 使用与步骤92~96相同的方法，梳理后脑区左侧的发束。

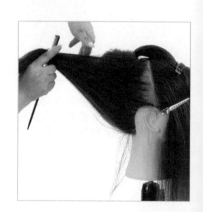

101. 左侧发束梳理完成时，用右手的拇指与尖尾梳夹住发束的尾部，左手从发束的下方握住发束。

102. 左手握住发束不动，右手使用尖尾梳梳理至发梢。

103. 再一次梳理右侧发束。保持尖尾梳侧面贴合头发的状态通过固定假发片的位置后，向前翻转尖尾梳，使其梳齿垂直插入发束中，继续向发梢位置梳理。右手的拇指和尖尾梳夹住发束。

104.尖尾梳梳理至发尾时，用左手从上方握住发束中间位置。

105.用左手握住发束，继续梳理至发梢，然后一边向上提拉发束一边进行梳理，直至发束高度与头顶一股辫的橡皮筋处持平。

106.最终将梳理后的发束固定在头顶一股辫橡皮筋位置向后1～2厘米的地方，用橡皮筋扎起集中起来的发束。

107.后脑区一股辫完成后的状态（※14）。

※14 整理后脑区表面的方法

对于已经扎起一股辫的后脑区，表面可能会存在松散的地方，或者有倒梳的发丝浮出表面的情况。如果是内侧的头发松散或浮出，可以使用尖尾梳的尾部进行整理。

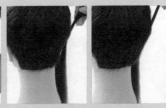

1. 内部松散的部分要从发际线一侧插入尖尾梳的尾部，将松散发束向内部梳理。

2. 就这样保持尖尾梳倾斜，然后上移，移动时要顺着发束的走向。

3. 一直上移到一股辫打结处，然后抽出尖尾梳。

4. 对于其他内部松散的地方，也同样地插入尖尾梳的尾部进行整理。

1.9 左侧发区做圆形卷

108. 前额区分区。宽度以左右黑眼珠的外侧为准，深度以头顶黄金点略靠前为准，做 U 字形的分区。

109. 取左侧发区的发束，使用涂抹了定型剂的包发梳进行梳理（※15）。

110. 换成尖尾梳梳理，将表面整理得平滑美观（※16）。

111. 将左侧发区的发束向正后方提拉。

112. 右手将左侧发区的发束向右侧发区方向提拉，至后脑区一股辫橡皮筋的后侧。向上翻转右手手腕，使发束逆时针扭转。

113. 左手辅助固定扭转发束，右手继续对发束进行逆时针扭转。

※15 使用包发梳梳理侧发区的方法

1. 首先将包发梳的鬃毛紧贴在左侧发区和前额区的分区线上。

2. 向斜下方移动包发梳来进行梳理。

3. 一边向正后方提拉发束，一边用包发梳梳理，直至发梢。

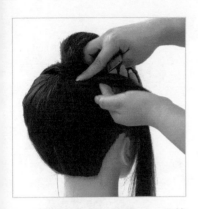

114. 绕过后脑区一股辫后，继续将左侧发区的发束一边扭转，一边向前额区带去，并在头顶区一股辫和后脑区一股辫两者中间偏右的位置，用右手食指按压，固定发束。

115. 换左手保持发束位置不变，右手使用 U 型夹固定。

116. 左侧发区发束用 U 型夹固定好之后，将暂时用鸭嘴夹固定在前额方向的后脑区一股辫松开，并将其方向调整为垂在后脑区一侧。

1.9 左侧发区做圆形卷

117. 用右手食指和中指背面按压在固定左侧发区发束的 U 型夹上，左手捏住左侧发区发束的尾部。

118. 用左手将左侧发区发束的尾部缠绕在右手的食指和中指上，直至发梢。

119. 在头顶区一股辫和后脑区一股辫两者中间偏右的位置，将缠绕成圆形卷的发尾放平按住。注意发梢部分要贴合头皮，不要翘起，之后用 U 型夹内固。

※16 使用尖尾梳梳理侧发区的方法

1. 首先将尖尾梳的梳齿紧贴在左侧发区和前额区的分区线上，使尖尾梳与发束垂直。

2. 向斜下方移动尖尾梳来进行梳理。

3. 一边向正后方提拉发束，一边用尖尾梳梳理，直至发梢。·

1.10 右侧发区做圆形卷

120. 再次用鸭嘴夹将后脑区一股辫固定在前额方向，之后对右侧发区进行梳理。右侧发束的梳理方法与左侧相同，都是用涂抹了定型剂的包发梳进行梳理之后，再用尖尾梳进行梳理。

121. 将右侧发区的发束向正后方提拉。

122. 左手将右侧发区的发束向左侧发区方向提拉，至后脑区一股辫橡皮筋的后侧。向上翻转左手手腕，使发束顺时针扭转。

123. 右手辅助固定扭转发束，左手继续对发束进行顺时针扭转。

124. 绕过后脑区一股辫后，继续将右侧发区的发束一边扭转，一边向前额区带去，并在头顶区一股辫和后脑区一股辫两者中间偏左的位置，用左手食指按压，固定发束。

125. 保持左手按压发束位置不变，右手使用 U 型夹固定。

126.右侧发区发束用 U 型夹固定好之后，将暂时用鸭嘴夹固定在前额方向的后脑区一股辫松开，并将其方向调整为垂在后脑区一侧。

127.用右手食指和中指侧面按压在固定右侧发区发束的 U 型夹上，左手捏住右侧发区发束的尾部。

128.用左手将右侧发区发束的尾部缠绕在右手的食指和中指上，直至发梢。

129.在头顶区一股辫和后脑区一股辫两者中间偏左的位置，将缠绕成圆形卷的发尾放平按住。

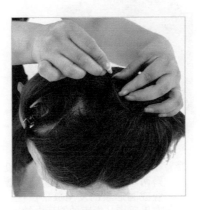

130.将右手手指从发束的圆环中抽出。整理发梢部分，使其贴合头皮，不要翘起，之后用 U 型夹内固。

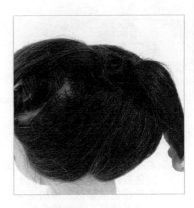

131.右侧发区发束做圆形卷并固定之后的状态。

1.11 扭转前额区做圆形卷

132. 取步骤 108 中分区后的前额区发束，使用涂抹了定型剂的包发梳进行梳理，之后再换成尖尾梳进行梳理（※17）。

133. 左手握住前额区的发束向右后方提拉，而后向下翻转手腕，使发束顺时针扭转，继续提拉，绕至后脑区一股辫橡皮筋的后侧，并在头顶区一股辫和后脑区一股辫两者中间偏左的位置，用左手按压，固定发束。

134. 用左手手指按压住前额区的扭转发束，右手用 U 型夹进行固定。

135. 右手食指和中指背面按压在固定住前额区发束的 U 型夹上，左手捏住前额区发束的尾部，并将其缠绕在右手的食指和中指上，直至发梢。

136. 在头顶区一股辫和后脑区一股辫两者中间偏左的位置，将缠绕成圆形卷的发尾放平按住，右手手指从发束的圆环中抽出，整理发梢部分，使其贴合头皮，不要翘起，之后用 U 型夹内固。

137. 将前额区发束做圆形卷并固定之后的状态。

※17 梳理前额区的方法

梳理前额区的时候，要先确认好操作顺序。

1. 确定发束的梳理方向为向后梳理。

2. 左手握住发束向斜后方提拉，右手拿尖尾梳的梳齿紧贴前额区与左侧发区的分区线前端，以画曲线的方式向后进行梳理，使发束在额头上形成一个下垂的弧度。

3. 将尖尾梳的梳齿紧贴在前额区与左侧发区的分区线中间，以画曲线的方式向后进行梳理，曲线的弧度要比步骤 2 中的曲线弧度略小。

4. 尖尾梳的梳齿紧贴在前额区与左侧发区在的分区线后端，以更小的弧度画曲线，进行梳理。

1.12 头顶区做前倾式发髻

138. 取头顶一股辫，用涂抹了定型剂的包发梳进行梳理之后，再用尖尾梳进行梳理，并整理发束的走向。

139. 左手向斜上方提拉头顶一股辫，右手将尖尾梳的梳齿插入发束中间，向发根位置移动尖尾梳，倒梳发束，使发束具有一定的蓬起状和动态（※18、※19、※20）。

1.12 头顶区做前倾式发髻

140. 整理假发片的形态，按照步骤 39~46 的顺序进行操作，使假发片形成中心处比较厚重，周围较为稀薄的形态。

141. 用右手拿住假发片的一侧，掌心朝下，使假发片自然下垂。

※18 倒梳发束的目的

在将要做成发髻的发束内侧，倒梳发束会使发丝相互缠绕，从而在之后扩展发束时保持发束之间的关联性，不易被提拉出裂隙，令发髻表面更加美观。

※19 倒梳发束的方法

让我们来复习一下倒梳发束的方法吧。

1. 将发束向后上方提拉，用尖尾梳梳齿插入发束中间位置。

2. 向发根处移动尖尾梳进行倒梳。

3. 将倒梳蓬起的发束集中于发根处。

4. 将步骤 1~3 多次反复进行操作。

※20 倒梳发束的注意点

由于制作发髻时，只有贴合假发片部分的倒梳发束是必要的，所以只在一股辫前方和中间至发根的位置进行倒梳即可，而且倒梳发束时，梳齿不可插入发束过深，否则会造成发束后方也产生蓬起，从而影响发髻表面的美观。

142. 左手展开，轻轻握住假发片，微微弯曲左手手掌成球状，将假发片包裹在手中。右手对假发片的形态进行整理。

143. 左手保持微曲状态，向上托住假发片。右手整理假发片表面，将凸起的地方按进内部，凹陷的地方向外提拉。

144. 继续用左手保持住假发片的形态，右手进行微调，以椭圆球形为目标整理假发片。

145. 反复进行步骤142~144的操作，将假发片整理成椭圆球形。

   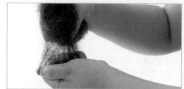

146. 将整理成椭圆球形的假发片拿在右手中，左手拉取其下侧一端。

147. 将拉取出的假发片向上翻转并包裹住握在右手中的假发片，使其表面平整。

148. 翻转手掌，将假发片平放在左手掌心，右手对其表面进行整理，将其整理成椭圆球形。

149. 假发片整理完成后的状态。

150. 将整理好的假发片放置在头顶一股辫前方紧贴橡皮筋的位置。

151. 为了保持假发片的蓬松感，从假发片右侧插入U型夹进行固定（※21、※22）。插入U型夹大约1厘米的长度后，将U型夹向上竖起。

※21 固定假发片时需注意的点

如果从假发片前方或上方插入U型夹，之后用头顶一股辫包裹假发片时就会无法梳理发髻表面，且会有U型夹从包裹发束中显露出来的可能。

※22 固定假发片时需注意的点

插入U型夹时，要从下往上插入。直接从上面插入的话，会造成假发片表面凹陷，无法保持原有的形态。

152. 将竖起的 U 型夹垂直向下插入发束，直至触及头皮。

153. U 型夹触及头皮后，再将其向右侧放平，向内插入并固定。

154. 假发片左侧也按照步骤 151~153 的方式插入 U 型夹。插入过程中调整 U 型夹的方向，才能固定得更加牢固。

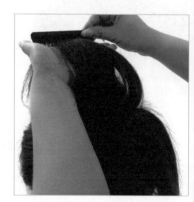

155. 假发片固定在头顶一股辫前方的状态。

156. 左手取头顶一股辫，向前额方向提拉；右手使用尖尾梳梳理发束中间到发梢的位置，将这部分的倒梳发束整理平滑，但不要梳理中间到发根的位置，以保留发根处的倒梳效果。

※23 扩展发束

将发束向左右两边扩展的时候，中间位置要稍微厚一些，两侧要薄一些。

※24 梳理发髻表面

对构成发髻的一股辫发束进行梳理时，按照从发根到发梢位置，从左侧到右侧的方向进行。梳理过程中，梳齿要保持一定的下压力度，使发髻从圆形变为前倾式的走向。

1. 将尖尾梳的梳齿紧贴发束的发根。

2. 移动尖尾梳到发束中间位置，其间保持尖尾梳倾斜向发束走向的方向。

3. 保持尖尾梳倾斜，向右侧发区的方向进行梳理。

157. 将处理好的头顶一股辫向前覆盖在假发片上，两手分别捏住头顶一股辫的发根打结处，向左右两边提拉扩展，使发束呈扇形展开。注意扩展的动作要一气呵成，否则多次提拉会造成两侧发束过多过厚，中间也会出现裂隙。

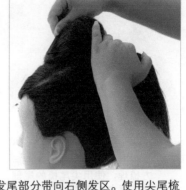

158. 使用一股辫包裹住假发片后，将发尾部分带向右侧发区。使用尖尾梳对包裹住假发片的发束表面，也就是发髻的表面进行梳理（※23、※24）。

159. 发髻表面梳理完成之后，用左手轻轻按压固定住，右手使用尖尾梳梳理发束的发尾部分。

160. 分别梳理发尾的左侧、中间和右侧部分，将发束进一步打薄平铺扩展，同时检查是否已将假发片严密地包裹在发束之内，对于露出假发片的部分进行整理。

4. 一直梳理到发梢为止。

5. 按照步骤1~4的方法梳理发髻的左侧，做出自左向右的发束走向。

6. 梳理发束的右侧，使用尖尾梳将发束适当地打薄压扁。

7. 梳理结束后，为了不将头发走向打乱，发根处要用夹子临时固定住。

161. 将打薄后的发尾部分向右后方梳理，使用尖尾梳的尾部将发尾自左向右、自前向后梳理，直至假发片下方。

162. 一边将尖尾梳的尾部向右、向后移动，一边将发尾梳理至假发片和头皮之间。

163. 将发尾梳理到右侧发区后，左手手掌向上整理假发片和发髻的形态，使其恢复前倾式状态，同时右手使用尖尾梳对发尾部分再次进行梳理。

164 左手保持发髻的形态并按压住发尾，将其固定在假发片下面，右手拿U型夹进行固定。

165 将发尾固定在发髻右侧后的状态（※25）。

※25 一旦表面有裂隙，怎样处理

向左右两侧扩展后的发束，如果某个部分较薄，就可能会出现表面有裂隙的现象。此时用尖尾梳理时，可稍稍向下压来整理头发走向。尽量一气呵成地整理好发束，这样就不容易出现表面有裂隙的情况了。

※26 用U型夹固定时的注意点

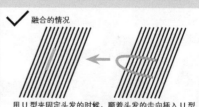

用U型夹固定头发的时候，顺着头发的走向插入U型夹，头发会与U型夹相互融合，从外表上看不到U型夹的存在，发束表面会更加平整自然。

166. 使用尖尾梳对发髻表面和走向进行整理，将内侧凸显出的倒梳发束整理平顺，使其保持前倾式的状态。

167. 右手取步骤 165 中用 U 型夹固定后余下的发尾部分，捏住发梢末端，向外翻转手腕，使发梢向内顺时针旋转。

168. 从发梢开始顺时针旋转至发尾，形成圆形卷，发梢在最内侧的圆环之中。

169. 旋转至 U 型夹固定的位置，将环形发束固定在发髻的右后方。

170. 将圆形卷发束向发髻内略推进，而后在多处使用 U 型夹进行固定（※26）。

171. 发尾和发梢形成的圆形卷被固定后的状态。

右图中，为了让大家看清楚 U 型夹插入的方式，没有使用左手固定头发。大家可以没有遮挡地看到 U 型夹插入发束的状态。在实际操作中，应像步骤 170 一样，使用另一只手固定住发束后再插入，否则发束会比较松散。

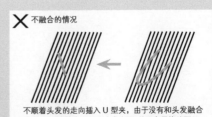

✗ 不融合的情况

不顺着头发的走向插入 U 型夹，由于没有和头发融合起来，U 型夹就会凸显于头发表面，从而变得格外醒目。

1.13 后脑区编三股辫

172. 取后脑区一股辫，使用涂抹了定型剂的包发梳进行梳理。之后再使用尖尾梳进行梳理，整理头发的走向。

173. 将后脑区一股辫编成三股辫，至发尾为止。左手捏住发梢，使三股辫不松散，右手使用尖尾梳对发梢进行倒梳。

174. 将发梢向内侧翻折，顺时针旋转，形成圆环状，发梢在最内侧的圆环之中。

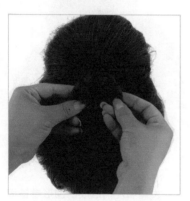

175. 顺时针旋转至发根位置，形成圆环之后，固定在发髻的下方。

176. 将环形三股辫向发髻内略推进，而后在环形三股辫两侧使用 U 型夹进行固定。

177. 用 U 型夹固定好后脑区环形三股辫之后的状态。

1.14 完成效果

让我们来复习一下吧

正确掌握包发梳的使用方法了吗?

为了使头发表面平整美观，正确使用包发梳的方法尤为重要。发束内侧覆盖，包裹假发片的时候，要注意翻转包发梳的时机，相互配合进行梳理。

能够理解倒梳发束的目的吗?

在需要固定假发片的位置周围，将包裹假发片的发束进行倒梳，可以使发束和假发片没有缝隙地融合在一起，同时在包裹假发片、扩展发束时，也能够让发束更好地结合在一起，不容易产生裂隙。

完全学会倒梳发束的方法了吗?

倒梳发束的操作非常重要，甚至能够决定整个发型设计的质量。首先从完成后的表面来看，就不能有凸显出来的倒梳发束。其次，倒梳发束的发量多少、范围大小和程度深浅都会影响到最终的完成效果。

掌握制作前倾式发髻的精髓了吗?

想要做成美观的前倾式发髻，关键是将假发片用发束包裹后，发尾向一侧倾斜，并使用尖尾梳对表面进行按压式梳理，同时仔细地处理发尾和发梢的走向。

45

1.15 调整发型

01. 将头发进行分区和整理。分出头顶一股辫、后脑区一股辫、左侧发区、右侧发区和前额区的不同发束。

02. 在左侧发区靠近左侧发区与前额区分区线处取一束发束，向斜后下方编反三股双边添束辫（※27），至左耳上方的发际线处。此时已经将左侧发区的发束都编进了反三股双边添束辫中。之后继续编反三股辫（※28），直至发梢，用单叉夹固定。

03. 右侧发区与左侧发区相同，编反三股双边添束辫，至右耳上方发际线处，而后编反三股辫至发梢，用单叉夹固定。

04. 以前额区、左侧发区和头顶一股辫三处交界处为起点，取厚度约 1.5 厘米的发束，均等地分为三股。

※27 反三股双边添束辫

反三股双边添束辫是在反三股辫的基础上编成的，是两侧发束与中间发束相交叉时，取两侧发束附近的发束与之合并，而后再进行交叉。这种编法可以在头皮上表现出编发的形态，从而使头发表面更具有生动感。

※28 反三股辫

三股辫和反三股辫都是两侧发束轮流与中间发束相交叉形成的。不同之处在于，三股辫交叉时，两侧发束位于中间发束之上；而反三股辫交叉时，则是两侧发束位于中间发束之下，形成倒 V 字形。

05. 以前额区左后方到右前方为基本方向，使用等分的三股发束编反三股双边添束辫，至右前方的前额区发际为止，将前额区的发束都编入反三股双边添束辫内，之后继续编反三股辫。

06. 编至发梢，用单叉夹固定。

07. 取头顶区一股辫，使用涂抹了定型剂的包发梳进行梳理，之后再使用尖尾梳进行梳理。

1.15 调整发型

08. 梳理完成后，对发束进行倒梳操作（※29），在发束的中间位置插入尖尾梳的梳齿。

09. 向发根方向移动尖尾梳，使倒梳产生的蓬起发束集中在发根的位置。

※29 不规则的倒梳发束

倒梳发束的目的是使发束内侧根部蓬起，与假发片更好地贴合，发束之间不易产生裂隙。注意倒梳发束时，梳齿不可插入发束过深，否则会造成发束后方也产生蓬起，从而影响发髻表面的美观。

※30 假发片的形态

固定假发片之后，头顶一股辫将其覆盖包裹，就会形成圆形的发髻。为了使假发片的形态符合发髻的发量要求，就必须将假发片整理成中心处较厚的状态。

10. 将步骤 08~09 的操作多次反复进行，在发束根部形成不规则蓬起的形态。

11. 将假发片整理成椭圆球形的形态（※30）。

12. 将已经整理完成的假发片放置在头顶一股辫前方的橡皮筋处，并使用 U 型夹分别从两侧插入进行固定（※31）。

13. 将假发片固定在头顶一股辫前橡皮筋处的状态。

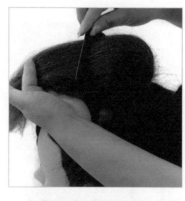

14. 将头顶一股辫向前额方向翻转，使用尖尾梳梳理发束从中间到发梢的部分，将这部分因倒梳产生的蓬起发束重新理顺，之后将发束遮盖在步骤 13 中固定好的假发片上。

15. 两手分别抓住头顶一股辫打结处两侧，将发束向左右两边扩展（※32），完全包裹住假发片。

※31 固定假发片

将假发片固定在头顶一股辫前方的橡皮筋处时，就要使用 U 型夹像用线缝起来一样牢固地固定。此时，U 型夹必须从侧面下方向上插入。

※32 将发束向左右两边扩展

将覆盖在假发片上的发束向左右两边进行扩展的时候，中间位置要稍微厚一些，两端稍微薄一些。若发束经过多次整理，两侧就会变得比较厚，中间也会产生裂隙，所以要一气呵成。

16. 使用一股辫包裹住假发片后，将发尾部分带向右侧发区，使用尖尾梳对包裹住假发片的发束表面进行梳理，使其保持住前倾式的状态（※33）。

17. 将打薄后的发尾部分向右后方梳理，使用尖尾梳的尾部将发尾自左向右、自前向后梳理至假发片下方。

18. 一边将尖尾梳的尾部向右、向后移动，一边将发尾梳理至假发片和头皮之间，同时左手手掌向上整理假发片和发髻的形态，使其恢复前倾式状态。

19. 左手固定住已经梳理到假发片和头皮之间的发束，右手使用尖尾梳将仍然留在外面的细小发束梳理进去，并整理发束的走向。

20. 左手按压住发尾固定在假发片下的位置，右手拿U型夹进行固定。

21. 使用尖尾梳对发髻表面和走向进行整理，将内侧凸显出的倒梳发束整理平顺，保持住前倾式的状态。

※33 前倾式状态

对于已经覆盖在假发片上的发束，用尖尾梳梳理其表面。从发束的发根开始，到发梢为止，从左侧到右侧的方向进行梳理，做成从左边开始到右边偏压（斜着）的头发走向。

22.将发梢整理成圆环状，紧贴在发髻的右端，成为发髻的一部分，并使用 U 型夹暂时固定。

23.左手取右侧发辫，右手从发辫上拉出细小的发束，使发辫略显松散。

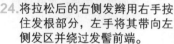

24.将拉松后的右侧发辫用右手按住发根部分，左手将其带向左侧发区并绕过发髻前端。

25.将右侧发辫带到发髻另一侧，再向后脑区方向延伸，在发髻的左下方用 U 型夹进行固定。

26.将步骤 25 中使用 U 型夹固定后余下的发尾继续向右后方缠绕，直至后脑区一股辫处，将发梢固定在后脑区一股辫的橡皮筋右侧。

27. 用U型夹固定住右侧发辫的发梢。

28. 对左侧发辫也采用同样的方式，从发辫上拉出细小的发束，使发辫略显松散。

29. 将拉松后的左侧发辫带向后脑区方向，从后脑区一股辫下方3~4厘米的位置绕过。

30. 用U型夹在后脑区一股辫下方将左侧发辫固定住，而后将左侧发辫以曲线的轨迹向上缠绕在后脑区一股辫上方。

31. 用U型夹在后脑区一股辫上方将左侧发辫的发尾部分固定住，而后整理发鬓和一股辫，将固定位置遮盖住。

32. 为了防止左侧发辫位置发生偏移，使用U型夹在后脑区左侧位置固定住发辫，使其不易移动。

51

33. 将步骤31中固定后余下的发梢部分逆时针缠绕在后脑区一股辫的发根处，并用U型夹进行固定。

34. 对前额区的发辫也采用同样的方式，从发辫上拉出细小的发束，使发辫略显松散。

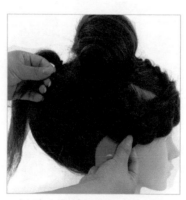

35. 左手将前额区发辫带向右侧发区，右手下拉发辫至下方，贴近右侧眉毛，以曲线的轨迹绕至右侧发区。

36. 当前额区发辫经过右耳上方后，以后脑区一股辫发根处为目标，继续向后脑区上方带去。

37. 分别用U型夹固定住前额区发辫在右耳上方的位置，以及后脑区一股辫右侧的发梢位置。

38. 取后脑区一股辫，使用涂抹了定型剂的包发梳进行梳理。

39. 左手将后脑区一股辫向上垂直提拉，而后以顺时针方向扭转两周。

40. 右手保持后脑区一股辫的向上提拉状态，左手从发束上拉出细小的发束，做成螺旋卷（※34）。

41. 左手按住后脑区一股辫的发根部分，右手将发束带向右侧发区，使发梢固定在右耳上方，发束成拱起状态。

42. 以后脑区一股辫的发根为基准，分别在发根的左侧、上方和右侧固定螺旋卷的形态和位置。

※34 螺旋卷

螺旋卷就是从已经扭转过的发束上，再拉出较细小的发束，做成螺旋式的发卷。

1. 将发束向正上方垂直提拉，按顺时针方向扭转两周。

2. 向上提拉的发束保持不动，从其发根开始拉出细小的发束。

3. 继续拉出细小的发束，至发梢一侧为止。

4. 以发束的发根位置为中心，在此处拉出细小发束的力度最大。越靠近发梢，力度越小。

43. 后脑区一股辫螺旋卷完成后的状态。

44. 发髻的表面如果能够拉出细小的发束，会增加发髻的层次感。拉出发束的位置应稍稍错开一点，使发髻的表面稍微松散一些。

45. 将步骤22中暂时固定的地方拆开，取下U型夹。

46. 将步骤45中已经松开的发束，保持圆环状向下侧自然弯曲，同时调整发束，拉出细小发束，使之略微松散，与发髻的松散程度保持一致。

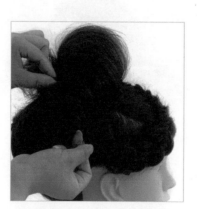

47. 将自然下垂弯曲的发束整理出松散状态后，用U型夹分别在不同位置进行固定。

48. 最后调整后脑区一股辫做螺旋卷后的发梢部分，令其表面前后错开，使整个发型呈现出一种平衡的状态。

1.16 调整发型后的效果

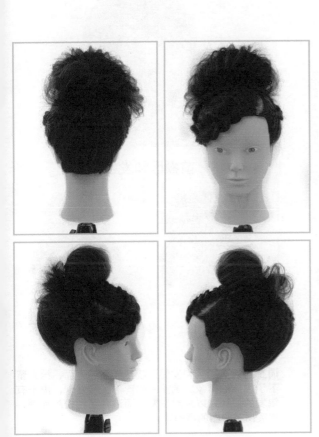

1.17 调整对比

与调整前的发型相比，到底是哪里进行了整理和改变呢？让我们来确认一下吧！

左侧发区

调整后的造型，在光滑的头发表面，添加了左右两侧发区和前额区的编发，更加强调了发型的设计感。

前额区和发髻

调整前的前额区和发髻形成了光滑的表面，给人留下了古典的印象。调整后的前额区和发髻，由于有编发的设计，以及对发髻表面进行了拉松的处理，更突出了华丽的氛围感。

后脑区

与发梢全部汇总在内部的调整前造型相比，调整后的螺旋卷，发梢卷曲的一侧自然下垂，而且后脑区光滑的表面与发卷有了对比，使质感和动感都产生了变化，形成张弛有度的状态。

右侧发区

调整前的发型，用 U 型夹固定了发髻右端的发梢。调整后的发型，则将发髻右端的发梢做成了发卷。另外，后脑区一束辫也做成了螺旋发卷。发髻的发卷与螺旋卷的发卷相互衔接，产生自然的过渡。

第 2 章，我们要学习使用假发片制作扇形发髻的操作方法，其中用到的在后脑区扎一股辫的操作方法，虽然在同系列的初级书籍中学习过，但这里是加入了假发片之后的操作，在难度上稍稍有所提升。在制作过程中，要一边注意站立的位置，一边进行实际的操作。

2.1 造型介绍

制作发型的流程

　　首先制作后脑区一股辫，而后固定后脑区的假发片，并扎起后脑区的扭转一股辫。待处理好左右两侧发区后，再制作头顶区的扇形发髻。

①制作后脑区一股辫。

②将假发片固定在后脑区。

③将后脑区两侧发束扭转上提，覆盖假发片。

④整理两侧发区和前额区发束。

⑤将假发片固定在头顶区。

⑥使用头顶区的发束将假发片覆盖包裹，形成发量较多的外观。

学习这个发型就会做

● 能够掌握扎扭转一股辫的方法

扎扭转一股辫的要点在于，既不能让发束松散，又要保持外观美丽的扭转上提的造型。要想达到这一要求，就要一边根据操作步骤移动站位，一边进行实际操作。在反复的实践中，就能够掌握完成度和美观度都很高的制作方法了。

● 学会将头发表面走向整理美观的梳理方法

头顶区的扇形发髻要形成发量较多的外观，因此发束包裹假发片形成凸起成为重点和难点。为了发束表面不产生裂隙，也不会松散地露出假发片，一定要磨练自己梳理发束的技术，使得梳理好的头发形成美观的外表和走向。

扇形发髻

　　制作后脑区一股辫，而后固定假发片，再用后脑区两侧的发束覆盖假发片并扭转上提，扎起扭转一股辫，然后用头顶区的发束覆盖包裹头顶区的假发片，形成具有较多发量的表面造型。除了要美观之外，也要根据每个部分的形状和头发走向，一边注意整体发型的平衡，一边进行造型的塑造。

2.2 后脑区扎一股辫

01. 以耳朵前上方和头顶黄金点的连线为界，将头发前后分开。

02. 将尖尾梳顶端紧贴在头顶中心偏左 2~3 厘米的位置，以此位置为起点，在后脑区左侧面画曲线来给头发分区。向着正中线位置，将尖尾梳斜向下画曲线，到正中线为止。此时尖尾梳顶端距离后脑区下方发际线约 3 厘米。

03. 将左手的食指压在正中线上方，固定住左侧分取出的头发。

04. 对后脑区右侧也采用同样的方式进行分区，将尖尾梳顶端紧贴在头顶中心偏右 2~3 厘米的位置，以此位置为起点，在后脑区左侧面画曲线来给头发分区。向着正中线上左手食指的方向画曲线，到与后脑区左侧分区线交汇的位置为止。

05. 分取出的发束将要扎成一股辫。使用 S 型包发梳从发根处开始梳理，一边将发束向上提拉至较高的位置，一边进行梳理。

06. 左手握住发束的发根，右手使用橡皮筋将发束扎成一股辫（※1）。

59

※1 分区的形状

根据制作的发型不同，分区的形状也会发生变化。配合不同分区形状处理余下的发束，更容易提升发型整体的完成度。现在将本章中所扎起的一股辫分区形状与第1章中所做造型的一股辫分区形状进行对比。

折线的分区

制作扭转一股辫等会将后颈发际明显提高的发型时，在头顶一股辫的分区最低点加上折线转角比较好。那样的话，能够更多地将头发集中在头顶一股辫上，处理后颈发际时不会有障碍，能够被紧紧地向上扭转。

圆形的分区

第1章中的头顶一股辫制作了底部为圆形的分区。在后脑区制作较为平整光滑的发型时，圆形的分区更加方便漂亮。

※2 在一股辫外围倒梳发束

在一股辫外围倒梳发束的目的是使丝丝相互模糊缠绕，产生一定的关联性，从而填满假发片和发束之间的空隙，还能填满发束之间松散的地方。让我们再一次复习倒梳发束的方法吧。

1. 左手食指和中指夹住发束的发梢一侧，在发梢侧插入尖尾梳梳齿。

2. 向上移动尖尾梳，直到发束的中间位置为止，而后抽出尖尾梳。

3. 在步骤2中抽出尖尾梳的位置偏下方一些的地方插入尖尾梳的梳齿。

4. 向上移动尖尾梳，直到发束靠近发根的位置为止，而后抽出尖尾梳。

5. 在步骤4中抽出尖尾梳的位置偏下一些的地方插入尖尾梳的梳齿。

6. 向上移动尖尾梳，直到发根的位置为止，从而将倒梳产生的蓬起集中在发根上。

7. 倒梳发束至发根后，将尖尾梳的梳齿朝下，按压在分区线上。

8. 对倒梳发束的表面进行整理后，抽出尖尾梳。

9. 倒梳发束完成后的状态。

2.3 倒梳后脑区发束

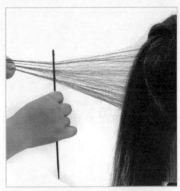

07. 以后脑区一股辫的分区线为基准向外侧扩展，使用尖尾梳的尾部沿分区线左侧1厘米的外围画曲线，取厚度约1厘米的发束。

08. 将取出的发束用左手握住，从发束的根部开始到发梢为止，用尖尾梳进行梳理，使发束的表面松散，平铺成薄薄的一层，便于之后对发束进行倒梳。

09. 对左侧发束进行倒梳操作（※2）。

10. 后脑区右侧也采用同样的方式，使用尖尾梳的尾部沿分区线外围取厚度约1厘米的发束。

11. 对取出的发束，采用与步骤08~09同样的方式进行倒梳。

12. 后脑区一股辫外围发束倒梳完成后的状态。

2.4 整理并固定假发片

13.形成中心处有厚度，周围较薄的假发片形态。

14.左手握住假发片的一侧，拇指与手掌交叠，使假发片产生相应的重叠。

15.将假发片拿在右手中。

16.左手紧握假发片，将其向内里收缩，右手则展开，包裹住假发片。

17.左手手心朝上握住假发片，右手将周围松散的假发片整理到左手掌心内，并用右手手掌覆盖在假发片上。

18.右手略微施力按压假发片，使其重量感集中在中心。

19.右手握住假发片，使其形成细长的椭圆形态，左手对假发片进行扩展，最终目的是让假发片保持圆形的形态。

20. 用左手握住圆形假发片的下侧，右手拿住假发片的上端并稍稍向上提拉，最后进行翻转，将假发片整理成圆形（※3）。

21. 假发片整理完成后的状态。用手指轻轻压的时候，表面会产生塌陷的话，就是柔和的锥形假发片。

22. 对已经整理好的假发片，一边稍稍压住，防止其移动或分散，一边固定在一股辫后方的分区线内。注意假发片的前侧不应超过一股辫的橡皮筋位置。

23. 将假发片固定在后脑区（※4）。

24. 一共有四个地方需要固定，分别是左上、左下、右上和右下，整体成"X"形。

※3 整理成圆形

想要假发片的下侧为圆形，左手就要像右边的图片中一样。随着靠近假发片的发尖一端，左手也比较容易地卷曲小指，渐渐地将圆形整理成越来越窄的状态。

※4 假发片的固定

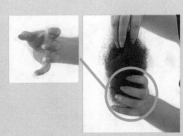

将假发片固定在后脑区之后，还使用了尖尾梳对假发片的细节进行了整理。这里并不进行这个操作，因为整理之后的假发片周围会形成一定的厚度，在扎扭转一股辫时会带来困难。

第2章介绍的这个发型，不需要固定假发片后再进行整理的操作。

2.5 后脑区扎扭转一股辫

25. 对步骤07~12中进行倒梳的发束要做再一次的倒梳和整理。将左侧分区线附近的倒梳发束向右上方提拉。在提拉发束的外侧，即不接触假发片的一侧插入梳齿进行倒梳，只需倒梳中间到发根的部分即可。

26. 另一侧也同样地，倒梳发束的外侧。

27. 倒梳发束完成之后，将后脑区发束向下集中，使用S型包发梳梳理发尾和发梢部分。

28. 一边将发束向上提拉到较高的位置，一边使用"S"型包发梳梳理后脑区发束的左右两侧和下方。

※5 梳理后脑区发束的方法

在后脑区扎起一股辫并固定假发片后，如何梳理假发片下方和两侧的发束，使其最终向上扭转，包裹假发片，并与之前的一股辫合并，是这里需要了解的重点。让我们来复习一下后脑区发束的梳理方法吧。

1. 将S型包发梳右侧的鬃毛紧贴后脑区与右侧发区的分区线。

2. 将S型包发梳向后回转，使其侧面与头发贴合。

3. 保持住S型包发梳侧面贴合头发的状态，同时向后移动S型包发梳，直到发束的中间位置。

29.使用包发梳梳理后脑区发束的左右两侧和下方（※5）。

30.用尖尾梳梳理后脑区发束的左右两侧。

31.再一次梳理右侧发束。保持尖尾梳侧面贴合头发的状态通过固定假发片的位置后，向前翻转尖尾梳，使尖尾梳的梳齿垂直插入发束中，继续向发梢位置梳理。右手的拇指和尖尾梳夹住发束。

32.用尖尾梳梳理至发尾时，用左手从上方握住发束中间位置。

33.在从固定假发片的位置向发尾移动 5~6 厘米的地方，用左手拇指和食指握住梳理好的发束。将尖尾梳的尾部以略微向前倾斜的状态紧贴在发束左侧。

4.一直到通过了插入假发片的位置为止，S型包发梳的侧面与头发要始终保持贴合状态。

5.通过固定假发片的位置后，向前翻转S型包发梳，将其鬓毛垂直插入发束中，用右手拇指和S型包发梳夹住发束。

6.左手在发束的上面握住，用S型包发梳梳理，直到发梢为止。

34.拿尖尾梳的手保持不动，用左手的拇指和食指牢牢握住后脑区发束的发尾，边将发束缠绕在梳子的尾部，边往上提拉扭转。

35.将后脑区发束缠绕在尖尾梳的尾部且顺时针扭转一周后的状态。

36.将已经向上提拉扭转的发束，渐渐地倾斜于后脑区一股辫的发根一侧。

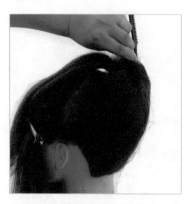

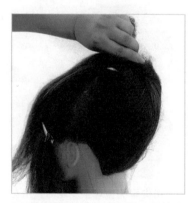

37.用左手食指按住扭转发束，保持其往上扭转的状态并固定在后脑区一股辫发根处，将尖尾梳的尾部慢慢地抽出（※6）。

38.抽出尖尾梳之后，也要保持左手食指指尖按住发束的状态，使扭转不松弛。

39.将向上扭转的发束表面用右手按住。

※6 扭转发束时的站位

扭转发束的时候，站立位置的移动也是一个关键点。在站位移动的过程中，握住尖尾梳的手要保持尖尾梳的方向和位置不变，这样才能使扭转发束不松散。右图中站位示范下方的数字为相对应的步骤序号。

1. 站立的位置在头部的正后方。

2. 与向上提拉扭转的发束相对应，身体向左边一侧移动。

3. 站立者继续向左侧移动，身体略微向左侧扭转，以保证面对被操作对象。

40. 左手的食指和拇指弯曲，捏住发束。手腕向下翻转，将发尾部分带向前额方向，右手拇指和食指按压住发束扭转的部分不要松开。

41. 两手配合将扭转发束再次扭转一周，使扭转的造型更加稳定。

42. 右手从左手小指的下方进入，用拇指和食指捏住发束。

43. 发束扭转完成后，左手平放，用食指的侧面按住扭转发束并固定在一股辫的橡皮筋处。

44. 将向上扭转后余下的发尾用左手握住，过程中要保持食指按住发束的状态。

45. 将之前制作的后脑区一股辫用右手拿起。

4. 站立者大约在正前方略偏左侧发区的位置。

5. 站立的位置和步骤36中是相同的。

46. 将向上扭转的发束和头顶一股辫合在一起。

47. 在头顶一股辫扎橡皮筋的位置，再次用橡皮筋将两股发束扎在一起。

48. 在后脑区形成扭转一股辫的状态（※7）。

49. 将后脑区完成的扭转一股辫发束向正上方提拉，并顺时针扭转至发尾。

50. 将扭转后的发束缠绕在左手食指上，形成圆形卷。

51. 左手拇指将圆形卷按压在扭转一股辫的橡皮筋前方，同时抽出左手食指，右手拿U型夹在圆形卷的左侧进行固定。

※7　后脑区的造型

即使是相同的后脑区制作向上提拉扭转的一股辫造型，发束内侧是否包裹假发片，所做出的造型也是不一样的。我们来试着确认一下有哪些不同之处吧！

没有假发片
后脑区发际线向上提拉得比较紧，侧面看弧度比较小。

有假发片
比起没有假发片的造型，后脑区包裹圆滑的假发片后，从外观上加大了后脑区的发量，并对头骨形状进行了调整，形成较大的弧度。

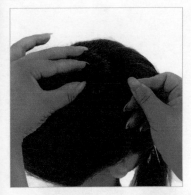  

52.圆形卷右侧，同样用 U 型夹进行固定。两侧固定完成后，拿开按压圆形卷的手指，查看固定得是否牢固。

53.将扭转一股辫做成圆形卷并固定后的状态。

2.6 前额区和头顶区分区

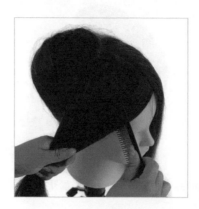

54. 在头顶正中线上，距离前额发际线3~4厘米的位置，紧贴尖尾梳的顶端梳齿，尖尾梳尾部偏向右侧发区。

55. 向右后斜下方移动尖尾梳进行分区，移动轨迹以曲线为佳，移至与后脑区的分区线相交叉为止，交叉点距离右耳上方发际线约3~4厘米。

56. 右侧发区的分区线形成后的状态。

57. 另一侧也同样，在头顶正中线上，距离前额发际线3~4厘米的位置，紧贴尖尾梳的顶端梳齿，尖尾梳尾部偏向左侧发区。向左后斜下方移动尖尾梳进行分区，移动轨迹以曲线为佳，移至与后脑区的分区线相交叉为止，交叉点距离左耳上方发际线3~4厘米。

58. 左侧发区的分区线形成后的状态。

59. 在前额区，以左侧黑眼珠向上的延长线为界将头发左右分区。

2.7 扭转左侧发区

60. 取左侧发区的发束，用涂抹了定型剂的包发梳进行梳理。这时要注意发束不要与步骤58中所形成的分区线有所重叠，发束稍稍向斜下方提拉，避免遮盖分区线。

61. 换成尖尾梳继续梳理，将表面整理得美观一些。一边将发束向后方梳理，一边用左手压住发束的表面。

62. 用左手按压住发束表面以后，将发尾部分稍稍向斜上方进行梳理，改变头发的走向。注意保持左手按压住的发束部分不动，避免被发尾带向斜上方。

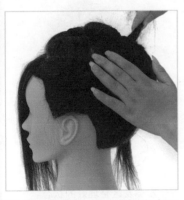

63. 将左侧发区的发尾握在右手中，右手手腕翻转，使发束顺时针扭转。同样注意保持左手按压住的发束部分不动，不要随发尾部分一起扭转。

64. 将左手固定的位置暂时使用单叉夹固定，保持住这一部分的发束不移动，也不扭转。

65. 继续将发尾部分顺时针扭转，直至发梢。

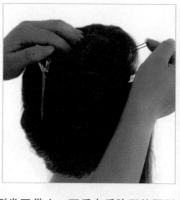

66.将扭转后的左侧发区发束带向右侧发区方向,绕过后脑区的圆形卷下方,并用U型夹在后脑区一股辫的橡皮筋下方进行固定。

67.继续将固定后余下的发尾部分向右侧发区带去,而后在后脑区的圆形卷右侧折回,将其盘绕在圆形卷上,用U型夹在圆形卷右侧进行固定。

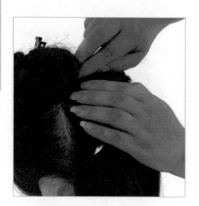

68.将步骤67中固定后余下的发梢部分继续盘绕在后脑区的圆形卷上,用U型夹在前额一侧进行固定。

69.继续将发梢盘绕在后脑区的圆形卷上,直至发梢。用U型夹将发梢固定在圆形卷的左侧。

70.左侧发区整理好的状态。

2.8 扭转右侧发区

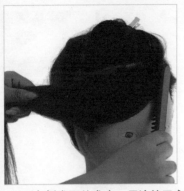

71. 取左侧发区的发束，用涂抹了定型剂的包发梳进行梳理，之后换成尖尾梳继续梳理。

72. 从右侧眉梢到太阳穴附近，先暂时用单叉夹进行固定。右手按压住发束表面，左手握住发尾部分。

73. 左手手腕翻转，使右侧发区的发束顺时针扭转，将右手固定的位置暂时使用单叉夹固定，然后继续扭转发束，并将扭转后的发束带向左侧发区方向，绕过后脑区的圆形卷下方，用U型夹将其固定在左侧发区扭转发束的下方。

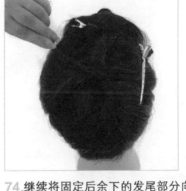

74. 继续将固定后余下的发尾部分向左侧发区带去，而后在后脑区的圆形卷左侧折回，使其盘绕在圆形卷上，用U型夹在圆形卷左侧进行固定。

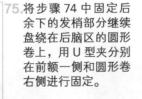

75. 将步骤74中固定后余下的发梢部分继续盘绕在后脑区的圆形卷上，用U型夹分别在前额一侧和圆形卷右侧进行固定。

76. 右侧发区整理好的状态。

2.9 倒梳头顶区发束

77. 取步骤 59 中分出的头顶区发束，用涂抹了定型剂的包发梳进行梳理。

78. 在头顶区与后脑区的分区线上，从正中的位置取厚度 1~2 厘米的发束作为第一股发束，使用尖尾梳进行梳理。

79. 对发束进行倒梳（※8）。左手向上提拉发束，右手将尖尾梳的梳齿插入发尾部分，而后向下移动，倒梳至中间部分。

80. 当倒梳蓬起的头发将头顶区与后脑区的分区线遮盖住时，就表示对中间部分的倒梳基本完成了，接下来就要处理发根部分了。

81. 保持左手向上提拉发束，右手将尖尾梳的梳齿插入中间部分，而后向下移动，倒梳至发根部分，使蓬起的发束聚集在发根处。

82. 对头顶区第一股发束倒梳完成后的状态。

※8 倒梳发束的目的

倒梳发束时，常常对不同位置的发束进行不同方式的倒梳，这都是有其各自目的的。

将发束连接在一起
倒梳发束能够将发束做出松散且相互连接的效果。

使发根具有方向性
步骤 81 中，将蓬起的发束聚集在发根处时，就使发根具有了方向性。根据倒梳位置和力度的不同，会导致发根向前、向后或向两侧弯曲发束。

增大发量的视觉效果
在发束的中间到发根的位置倒梳发束后，这一部分的发束会蓬起。当积累到一定程度后，就会表现出发量较多的效果。

倒梳发束不松散
完成倒梳操作后，使用尖尾梳按压发根处蓬起的发束，一是为了整理发束的方向性，二是为了使倒梳发束更加稳定，不易松散。

83.暂时将头顶区第一股发束放在右侧发区的方向，而后以取第一股发束的位置为依据，在其前方再取厚度1~2厘米的发束作为第二股发束，接着对第二股发束进行倒梳，操作方法与步骤79~82相同。

84.第一股发束和第二股发束倒梳完成后的状态。从后向前分取发束时，发束的发量是逐渐减少的，也就是说，第一股发束的发量是多于第二股发束的，以此类推。

 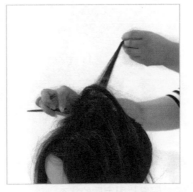 

85.将头顶区的四股发束全部完成倒梳操作后的状态。除了四股发束随着位置的变化而产生的发量变化之外，倒梳的程度和力度也发生了变化。越靠近前额，倒梳的程度和力度越小，蓬起的发束越少。

86.头顶区的四股发束完成倒梳之后，再对发束的发根部分进行重复的倒梳，目的是将四股发束紧密地联合在一起，不要产生裂隙。

※9 倒梳后发束的放置

倒梳后的发束需要放下，才能进行下一股发束的倒梳。放下倒梳发束时，最好朝向前额区，从右侧发区开始放置，逐渐向左侧扩展。这样的话，在发根处更容易将倒梳蓬起的发束进行集结。

第一股发束　　第二股发束　　第三股发束　　第四股发束

2.10 头顶区制作扇形发髻

第 2 章 扇形发髻

87. 将假发片整理成椭圆球形。

88. 将整理好的假发片固定在步骤 52 中的后脑区圆形卷上。

89. 插入 U 型夹，固定假发片。

90. 在另一侧也使用 U 型夹进行固定。

91. 假发片固定后的状态。

92. 将步骤 86 中倒梳好的头顶区发束向后翻转，覆盖包裹住步骤 91 中固定好的假发片。

93. 使 S 型包发梳的侧面与头发贴合，然后向上移动 S 型包发梳，直到发束的中间位置。一直到通过了插入假发片的位置为止，S 型包发梳的侧面与头发要始终保持贴合状态。

94. 通过固定假发片的位置后，向前翻转 S 型包发梳，将其鬃毛垂直插入发束中，梳理到发梢为止。

95. 用 S 型包发梳梳理完成后，换为包发梳继续进行梳理。同样要翻转包发梳，采用侧面与头发贴合的方式，向上移动包发梳，直到通过了插入假发片的位置为止。移动过程中，包发梳的侧面与头发要始终保持贴合状态。通过固定假发片的位置后，向前翻转包发梳，使包发梳的鬃毛垂直插入发束中，梳理至发梢。

96. 梳理完正上方的发束后，稍稍向左侧移动包发梳，开始梳理左上方的发束，同样是从前面开始，向后面进行梳理。

97. 与步骤 95 相同，使用包发梳侧面梳理，直至通过了插入假发片的位置，而后向前翻转包发梳，使其鬃毛垂直插入发束中，梳理至发梢。

98. 继续向左移动包发梳，梳理左侧的发束，与步骤 95 的操作方法相同。这时，要有意识地将发髻表面整理为圆形。

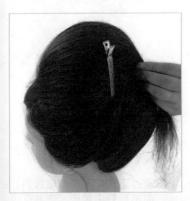  

99. 梳理完左侧发束后，先暂时用单叉夹进行固定，保持住头发的走向。

100. 梳理右上方的发束，同样是从前面开始，向后面进行梳理，与步骤 95 的操作方法相同。注意翻转包发梳的位置和时机。

101. 继续向右移动包发梳，梳理右侧的发束，与步骤95的操作方法相同。将发束表面整理为薄薄的一层，确保假发片被完全遮盖包裹。

102. 梳理完右侧发束后，也暂时用单叉夹进行固定。

103. 使用包发梳对发髻表面梳理完之后，再一次用包发梳在表面，从前面开始到后面为止进行梳理，整理头发的走向。

104. 保持包发梳侧面与头发贴合，梳理至左右两侧固定单叉夹的位置。通过暂时固定的单叉夹中间之后，向前翻转包发梳，使其鬃毛垂直插入发束中，梳理至发梢。

 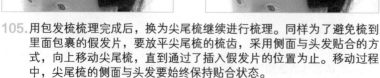

105. 用包发梳梳理完成后，换为尖尾梳继续进行梳理。同样为了避免梳到里面包裹的假发片，要放平尖尾梳的梳齿，采用侧面与头发贴合的方式，向上移动尖尾梳，直到通过了插入假发片的位置为止。移动过程中，尖尾梳的侧面与头发要始终保持贴合状态。

106. 通过固定假发片的位置后，向前翻转尖尾梳，使其梳齿垂直插入发束中，梳理至发梢。

107. 使用与步骤 105~106 相同的方式梳理发髻的右侧发束。

108. 一边有意识地将发髻形状整理成圆形，一边梳理，直到发梢为止。

109. 将步骤 99 中暂时固定发髻左侧发束的单叉夹取下。

110. 使用与步骤 105~106 相同的方式梳理发髻的左侧发束。

111. 梳理完发髻的左侧发束后，再次用单叉夹进行暂时的固定，保持表面头发的走向。

112. 将步骤 102 中暂时固定发髻右侧发束的单叉夹取下。

113. 使用与步骤 105~106 相同的方式梳理发髻的右侧上方发束。

  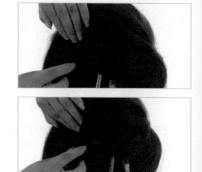

114. 使用与步骤 105~106 相同的方式梳理发髻的右侧下方发束。

115. 梳理发束时，注意与周围发束的走向相吻合。

116. 梳理完发髻的右侧发束后，再次用单叉夹进行暂时的固定。

2.11 整理发尾和发梢

117. 左手保持发髻上方的形状不被破坏，右手使用尖尾梳梳理发束的发尾和发梢部分。

118. 梳理的同时向右下方提拉发束，使发束产生倾斜的方向。

119. 左手在发束下方整理发束的走向，右手继续使用尖尾梳进行梳理。同样要注意，不要梳到里面的假发片。

120. 用左手的拇指和食指按压在发束的上方，也就是刚通过假发片之后的位置，右手使用尖尾梳进行梳理，直到发梢为止。

121. 将左手拇指和食指渐渐握拢，慢慢将发束汇聚到两指之间。右手始终使用尖尾梳进行梳理，直到发梢为止。

122. 最后，使用左手的拇指和食指夹住发束并进行梳理。

123. 对发髻的发束梳理完成之后，保持左手的拇指和食指夹住发束不动，右手握住发束的发尾部分。

124. 将发束按逆时针方向扭转两周。

125. 左手保持压住发束的状态，右手将发尾带向左侧发区的方向（※10）。

126. 将扭转后的发束暂时用U型夹固定住，固定的位置在已经扭转的部分和尚未扭转的部分的分界点上。

127. 将步骤126中固定后余下的发尾部分继续逆时针扭转，直至发尾。

※10 扭转发束的走向

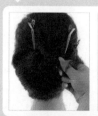

右（顺时针方向）扭转的话，要将发束带向右侧发区。这样，发束就是向内扭转的方向，不会松散，能够更好地进行整理。同理，左（逆时针方向）扭转的话，要将发束带向左侧发区。

右（顺时针方向）扭转，如果将发束带向左侧发区，发束就是向外扭转的方向，非常容易松散，从而变得不好整理。同理，左（逆时针方向）扭转的话，也不能将发束带向右侧发区。

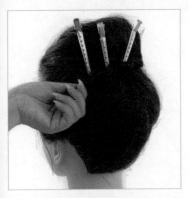

128. 左手捏住发梢向内旋转，使发尾和发梢部分形成圆环状。

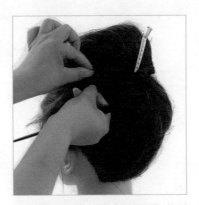

129. 将步骤 111 中暂时固定发髻左侧发束的单叉夹取下。用右手握住圆环状的发束，左手将发髻左侧边缘略微上提。

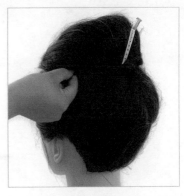

130. 右手将圆环状发束插入左手上提的发髻内侧。

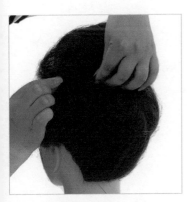

131. 用 U 型夹固定插入发髻内侧的圆环状发束。

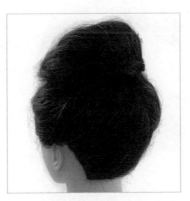

132. 将圆环状发束插入发髻内侧并固定后的状态。

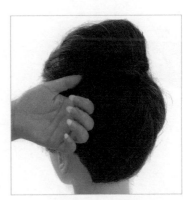

133. 左手将上提后的发髻左侧边缘向下整理，使其覆盖住内侧的圆环状发束。

134.使用尖尾梳梳理发髻左侧边
缘，整理好发髻的表面。

135.在发髻左侧边缘下方，将步
骤127中的扭转发束用 U 型
夹固定住。

136.将步骤126中暂时固定扭转
发束的 U 型夹取下。

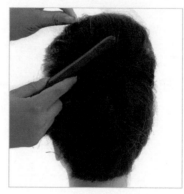

137.使用尖尾梳和包发梳重新整理好发髻的表面，并将步骤116中暂时
固定发髻右侧发束的单叉夹取下。

2.12 完成效果

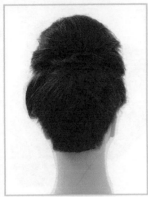

能理解倒梳发束的方法了吗?

在内侧包裹假发片的发髻造型,要将需要倒梳的发束按照最终效果进行分股处理,分股的发量和倒梳的力度会直接影响整体完成后的效果。让我们再来复习一下倒梳发束的目的和效果吧。

已经能用梳子梳理出漂亮的头发走向了吗?

本章里已经做好的造型,与第1章中学习过的前倾式发髻一样,都是以美观的头发走向而见长。不要刮到内侧已经固定包裹好的假发片。一边注意包发梳和尖尾梳的梳理方法,一边仔细认真地梳理表面。

已经掌握将发束向上提拉扭转的诀窍了吗?

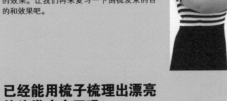

要移动站立的位置,但不要移动握住尖尾梳的手的位置。保持尖尾梳不动,仔细地将发束向上提拉扭转,手指要具有一定的张力,拉紧发际线处的发束。注意不可过于松弛。

2.13 调整发型

01. 对后脑区进行整理。将前额区分成头顶区和左右侧发区。

02. 将后脑区一股辫顺时针扭转并带向发根右侧。

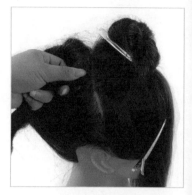

03. 用 U 型夹将扭转的部分固定在后脑区一股辫的发根右侧，其余部分在后脑区右侧自然下垂。

04. 后脑区一股辫固定后的状态。

05. 在头顶区倒梳发束（※11）。

※11 倒梳发束的注意点

梳理头顶区的倒梳发束时，注意不要将尖尾梳的梳齿插入得太深，以免在不接触假发片的一侧也产生倒梳的蓬起，从而影响到最终的发型效果。

尖尾梳的梳齿紧贴需要倒梳发束的一侧，不要将梳齿贯穿整个发束。

将尖尾梳的梳齿贯穿整个发束后，不需要倒梳的部分也会有蓬起，从而在覆盖假发片之后或其他操作之后，表面的发束会不平整。

06. 对头顶区的四股发束完成倒梳之后，再对发束的发根部分进行重复的倒梳，目的是将四股发束紧密地联合在一起，不要产生裂隙。

07. 将假发片整理成椭圆球形。

08. 将整理好的假发片固定在步骤4 中的后脑区一股辫前方，也就是靠近前额区的位置。

09. 从侧面可以看到假发片固定的位置。假发片已经覆盖在头顶区和后脑区的分区线上了。

10. 用 U 型夹固定住假发片的两侧，将假发片牢固地固定住。

11. 假发片已经固定好的状态（※12）。

12. 将倒梳好的头顶区发束向后翻转，覆盖包裹住固定好的假发片。使S型包发梳的侧面与头发贴合，然后向上移动S型包发梳，直到发束的中间位置。

13. 通过固定假发片的位置后，向前翻转S型包发梳，将其鬃发垂直插入发束中，梳理到发梢为止。

14. 用包发梳梳理发髻表面。

15. 用尖尾梳梳理发髻表面和发梢。

※12 固定假发片的方法

在第1章已经学过固定假发片的方法，我们再来复习一下吧。

1. 将成型的假发片附着在头发上。

2. 让假发片稍稍上浮一些。

3. 从假发片一端开始，每隔1厘米左右，用发型针向内侧插入固定。

4. 用U型夹挂住假发片。将U型夹的背面（U字型部分）向上进行操作。

16. 扭转发尾并用 U 型夹暂时进行固定。之后，将暂时固定发髻两侧发束的单叉夹取下。

17. 使用尖尾梳梳理发髻的表面，整理头发的走向。

18. 从正面察看，确认发髻的形状，用尖尾梳的尾部对发髻进行整查。

19. 从发髻的表面拉出细小的发束，增强发束感。

20. 将每次拉出发束的位置都稍稍偏离一点，从而打乱发髻的表面。

5. 将 U 型夹插入，一直到尖部触碰到头皮位置。

6. U 型夹触碰到头皮以后，就将 U 型夹放倒。

7. 将 U 型夹向更深处插入固定。

21.在其他位置也同样地拉出细小的发束,打乱发髻的表面。

22.将发髻表面打乱、拉松后的状态。

23.暂时用 U 型夹固定住拉出的细小发束,保持发束感。特别是发髻的两端,更容易形成这种发束感,一定要进行暂时的固定。

24.稍稍喷洒一些有定型力的定型喷雾,保持住这种发束感。

25.取右侧发区的发束,用涂抹了定型剂的包发梳进行梳理,到发梢为止。

26.对右侧发区的发束做左交叉右扭转绳索辫。一直到发梢为止进行编发，然后用橡皮筋扎起（※13）。

27.在编好的发辫上，一点一点拉出细小的发束，使发辫变得松散。

28.用右手按压住发辫的发根，左手将发辫向上提拉后，从前面绕过发髻，到左侧发区。

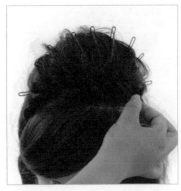

29.左手固定发辫的位置，右手继续从发辫上拉出细小的发束，使发辫更加松散，同时从正面目测，确认平衡。

30.将步骤 26 中扎起发辫的橡皮筋取下，而后用 U 型夹在头顶区和左侧发区的分区线附近固定发辫的发梢。注意发辫的中间也要用 U 型夹固定，保持发辫稳定。

※13　绳索辫

绳索辫就是将发束分成两股，一边扭转一边交叉编织的发辫。

右交叉左扭转绳索辫

将左侧发束按逆时针（左方向）进行扭转，扭转后的左侧发束向右交叉于右侧发束之上，编发的表面呈向右下方交叉重叠的状态。

左交叉右扭转绳索辫

将右侧发束按顺时针（右方向）进行扭转，扭转后的右侧发束向左交叉于左侧发束之上，编发的表面呈向左下方交叉重叠的状态。

31.对左侧发区的发束也做左交叉右扭转绳索辫。一直到发梢为止进行编发，然后用橡皮筋扎起。

32.在编好的发辫上，一点一点拉出细小的发束，使发辫变得松散。

33.右手将发辫向上提拉后，从前面绕过发髻到右侧发区的方向，而后将发辫交到左手上。注意左侧发区发辫位于右侧发区发辫的前方。

34.右手固定发辫的位置，左手继续从发辫上拉出细小的发束，使发辫更加松散，但松散程度要小于后方的右侧发区发辫，从而使整体呈现平衡状态。

35.将步骤 31 中扎起发辫的橡皮筋取下，而后用 U 型夹在头顶区和右侧发区的分区线附近固定发辫的发梢。注意发辫的中间也要用 U 型夹固定，保持发辫稳定。

36. 两侧发区整理完成以后的状态。

37. 右侧发区垂在前额上的发束也和发髻一样，用手指拉出细小的发束，使之略显松散。

38. 发髻的后面一侧也是，配合步骤 19~22 中已经做出的发束感，将细小的发束进一步拉出，表现出松散效果。

39. 整理步骤 16 中用 U 型夹暂时固定的发髻的发尾部分，将 U 型夹取下，用涂抹了定型剂的包发梳进行梳理。

40. 左手握住发束，向上翻转手腕，使发束以逆时针方向向头顶区扭转。

41. 左手固定住扭转发束，右手从其上拉出细小的发束，使之略显松散。

42. 在左手的拇指固定住的地方，用 U 型夹进行固定。

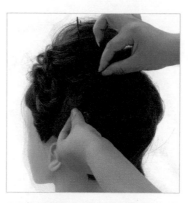

43. 将步骤 42 中固定后余下的发梢部分也进行逆时针扭转，并拉出细小的发束，做螺旋卷。

44. 发梢用 U 型夹进行固定。

45. 发髻的发尾和发梢部分整理完成后的状态。

46. 取后脑区一股辫发束，保持其朝向右侧发区的走向，用涂抹了定型剂的包发梳进行梳理，之后再使用尖尾梳进行梳理。

47. 对后脑区一股辫发束做左交叉右扭转绳索辫。一直到发梢为止进行编发，然后用橡皮筋扎起。

48. 在编好的发辫上一点一点拉出细小的发束，使发辫变得松散。注意越靠近发根附近松散程度越大，越靠近发梢附近松散程度越小。

49. 用右手按压住发辫的发根，左手将发辫向左后方提拉并绕过发髻发梢的螺旋卷，直到后脑区左侧。

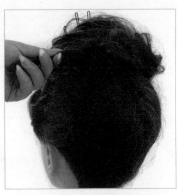

50. 使用 U 型夹将发辫的发梢暂时固定在靠近左侧发区的位置。

51. 左手拇指和食指捏住发辫的发根部分，向前额区方向略微提拉。

52. 用 U 型夹固定住提拉出来的发束。

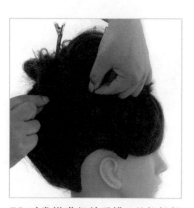

53. 对发辫进行前后错开的拉松操作。

54. 一边拉松发束，使其富有动感和张弛度，一边在不同的地方分别用 U 型夹进行固定。

55. 将步骤 47 中扎在发梢的橡皮筋，和步骤 50 中暂时固定发梢的 U 型夹都取下。

56. 对发梢一侧也进行前后错开的拉松操作，然后用 U 型夹固定。

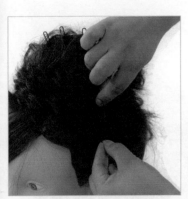

57. 对步骤 30 中已经固定好的右侧发区的发梢也同样地进行前后错开的拉松操作。

58. 再一次在发髻的表面稍稍使用有定型力的定型喷雾，然后将步骤 23 中暂时固定的 U 型夹逐个取下。

59. 暂时固定的 U 型夹都取下后，再用手指捏出细小的发束，调整整体的平衡。

60. 发髻后面也同样要调整发束的松散方向，调整整体平衡。

2.14 调整发型后的效果

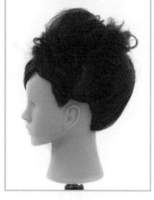

打开手机, 扫一扫二维码, 即可
观看高清视频。

2.15 调整对比

与调整前的发型效果相比，到底是对哪里进行了整理和改变呢？让我们来确认一下吧。

两侧发区

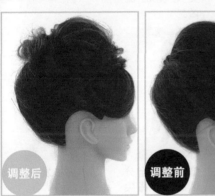

前额区和发髻

调整前的发髻表面，整理成整齐平滑的造型，令人产生古典的印象。其次，由于两侧发区是较为紧致的造型，所以凸显处发髻的发量就比较多。调整后的发髻下方增加了编发的缠绕发束，且进行了拉松打乱的操作，增强了发型的弧度，看上去更加漂亮和华丽。

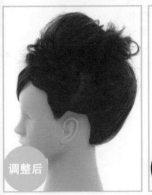

后脑区

调整前，发髻的表面和后脑区的发束都比较平整光滑，在设计中融为一体。调整后的发髻表面则进行了松散打乱的操作，与后脑区的光滑形成了一个有趣的对比组合，因而更有质感和动感的对比度，凸显出设计中的张弛有度。

调整前的后脑区表面，左右形状几乎是相同的，后脑区侧面和发髻的发束走向也是有层次和美感的重叠。调整后的后脑区表面，虽然看起来也是相同的对称，但是由于发髻表面松散，发梢做螺旋卷和缠绕的编发，在设计上产生了节奏感。

2.16 复习倒梳发束的方法

向下拉伸发束时倒梳发束的方法

01. 发束向下拉伸时，将尖尾梳的梳齿相对发束成直角插入发尾中。

02. 倒梳至中间位置后，停止并抽出尖尾梳。

03. 在步骤 02 中将尖尾梳抽出的位置，稍稍向下移动并插入尖尾梳的梳齿。

04. 使用尖尾梳向发根方向进行倒梳，至发束中间偏上的位置，而后抽出尖尾梳的梳齿。

05. 在步骤 04 中将尖尾梳抽出的位置，稍稍向下移动并插入尖尾梳的梳齿。

06. 使用尖尾梳向发根方向进行倒梳，至发束上方的位置，而后抽出尖尾梳的梳齿。

07. 在步骤 06 中将尖尾梳抽出的位置，稍稍向下移动并插入尖尾梳的梳齿。

08. 使用尖尾梳向发根方向进行倒梳，至分区线的位置，而后抽出尖尾梳的梳齿，将倒梳蓬起的发束集中在分区线附近。

09. 倒梳发束至分区线后，将尖尾梳的梳齿朝下按压在分区线上，对倒梳发束的表面进行整理后，抽出尖尾梳。

10. 倒梳发束完成后的状态。

向上提拉发束时倒梳发束的方法

01. 发束向上提拉时，将尖尾梳的梳齿相对发束成直角插入发尾中。

02. 倒梳至中间位置后，停止并抽出尖尾梳。

03. 在步骤 02 中将尖尾梳抽出的位置，稍稍向上移动并插入尖尾梳的梳齿。

04. 重复步骤 02~03 的操作，注意每一次倒梳的起始位置都要比上一次偏下一点。同样，结束的位置也相应偏下一点。

05. 继续重复步骤 02~03 的操作，使倒梳蓬起的发束集中在分区线附近。

第3章 球形发髻

第 3 章，我们要学习使用假发片制作球形发髻的操作方法，其中涉及将后脑区发束交叉重叠并与头顶一股辫合并的操作。虽然与同系列初级书籍中的设计相同，但这里是加入了假发片之后再进行的操作，在难度上稍稍有所提升。在制作过程中，要一边注意包发梳的使用方法和梳理的位置，一边在实践中进行发型的制作。

3.1 造型介绍

制作发型的流程

将头顶区左右分开，各自扎成一股辫。后脑区的发束也左右分开，将两侧的发束向相反侧面上提并与对应的一股辫扎在一起。两侧发区扭转固定后，在头顶右侧制作球形发髻，头顶左侧制作环形卷，而后将两侧发区的发尾部分做螺旋卷。

球形发髻

球形发髻是在头顶区左右两侧分别制作发髻和环形卷，且相互呼应。具体方法是，将后脑区左右分开，将各自的发束向对侧提起并重叠起来。将发束分为两股扎起，是比较简单的操作，而且可以表现出后脑区光滑的一面。注意操作过程中，不要将头发的方向弄乱。

①将头顶区左右分开，各自扎成一股辫。

②将假发片固定在头顶区一股辫的下方。

③后脑区发束左右分开后，分别向相反侧面上提并与对应的一股辫扎在 起。

④将两侧发区扭转固定。

⑤头顶区右侧制作球形发髻，左侧制作环形卷。

⑥两侧发区的发尾做螺旋卷并固定。

学习这个发型就会做

● **发型的要点在于，后脑区发束的交叉重叠和合并的制作**

一边移动梳理的位置一边将发束向上提拉牵引，是制作出美观的交叉重叠表面的关键点。其中，包发梳的使用要格外注意。

● **学会与设计目标相结合的假发片的制作方法**

本章中学习的的发型中，后脑区和头顶区右侧两个位置都会使用到假发片。要记住设计与假发片成型相结合的方法。

● **掌握球形发髻的制作方法**

这里制作的球形发髻位于头顶区的右侧。对于如何在较小的范围内使用假发片，以及如何使用较少的发量覆盖包裹假发片，这里在操作上进行了强调。

3.2 头顶区扎两个一股辫

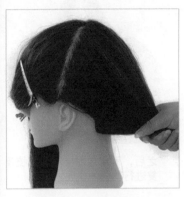

01. 以耳朵前上方和头顶黄金点的连线为界，将头发前后分开。

02. 将尖尾梳顶端紧贴在头顶中心偏左 2~3 厘米的位置，向后脑区左侧面画曲线来分区。

03. 到正中线为止，曲线最低点最好距离后颈发际线 3~4 厘米。用左手固定住后脑区左侧分区后的发束，并以食指紧贴在正中线上。

04. 右侧发区也同样使用尖尾梳画曲线，给头发分区。

05. 一股辫分区后的状态。

06. 将尖尾梳的尾部紧贴在正中线和分区线交叉点上，竖直向上画直线，将发束左右分开。将尖尾梳的尾部沿着头皮画线，头发会很容易分开。

打开手机，扫一扫二维码，即可观看高清视频。

07.将分区后的发束左右分开的状态。

08.将右侧的发束一边向上提拉，一边使用S型包发梳梳理，直至发梢。

09.之后，再用包发梳和尖尾梳反复进行同样的梳理。

10.左手握住发束的发根，在黄金点用橡皮筋扎起来。扎起的位置大约距离后脑区与前额区的分区线1厘米，距离头顶两个一股辫的分区线也是1厘米（※1）。

11.对左侧的发束也采用步骤08~09的方式进行梳理，而后在黄金点的位置用橡皮筋扎起来。

12.头顶就形成了左右各一股辫的状态。

※1 扎橡皮筋的位置

在头顶区扎起两个一股辫，扎橡皮筋的位置距离两侧的分区线都是大约1厘米。

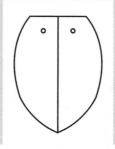

3.3 倒梳后脑区发束表面

13. 在距分区线底部角 2~3 厘米的右侧分区线上紧贴尖尾梳尾部，向左下方正中线和后脑区发际线交叉点方向画出斜线，将后脑区发束分为左右两侧。

14. 以后脑区一股辫的分区线为基准向外侧扩展，使用尖尾梳的尾部沿分区线的外围画曲线，在后脑区左侧取厚度约 1 厘米的发束。

15. 对分取出的后脑区左侧发束进行倒梳（※2）。

16. 后脑区右侧也和步骤 13 同样，使用尖尾梳的尾部沿分区线的外围画曲线，在后脑区右侧取厚度约 1 厘米的发束。

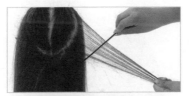

17. 对已经分取出的发束，从根部开始到发梢为止，用尖尾梳进行梳理后，和步骤 15 一样，进行倒梳操作。

18. 后脑区发束倒梳完成后的状态。

※2 少量倒梳发束

在对少量发束进行倒梳时，首先取发的厚度要尽量保持一致，其次就是倒梳的操作，要从发束中间到发根的位置一步一步做，切忌眼高手低。

3.4　后脑区发束交叉重叠

19. 将假发片整理成表面柔软的柔和锥形假发片。

20. 对已经整理好的假发片，一边稍稍压住，防止其移动或分散，一边固定在一股辫后方的分区线以内。注意假发片的前侧不应超过一股辫的橡皮筋位置。

21. 使用 U 型夹将假发片固定在后脑区（※3）。

22. 一共有四个地方需要固定，分别是左上、左下、右上和右下，整体成 X 形。

23. 对步骤 15~17 中进行倒梳的发束，要做再一次的倒梳和整理。将左侧分区线附近的倒梳发束向右上方提拉。在提拉发束的外侧，即不接触假发片的一侧插入梳齿进行倒梳，只需倒梳中间到发根的部分即可。

24. 另一侧也同样，倒梳发束的外侧。

※3 假发片的固定方法

在第 1 章中学过假发片的固定方法，让我们再回顾一下吧。

1. 在假发片的一端距离头皮 1 厘米左右的位置，将 U 型夹插入。

2. 保持 U 型夹平行于分区线的方向向内插入，至 U 型夹中间。

3. 将 U 型夹略微竖起，继续向内插入。

25. 倒梳发束完成之后，使用单叉夹将后脑区右侧的发束暂时固定在右下方，而后将后脑区左侧发束向左下方集中，使用 S 型包发梳梳理发束的发尾和发梢部分。

26. 一边将后脑区左侧发束向左上方提拉到与左耳水平的位置，一边使用 S 型包发梳梳理发束的中间到发梢的部分。站立的位置在左侧发区的左耳附近。

27. 保持后脑区左侧发束在左耳水平的高度，向左侧后方约 45°提拉后脑区左侧发束，使用包发梳梳理发束的中间到发梢的部分。站立的位置，也要在左后方 45°的位置。

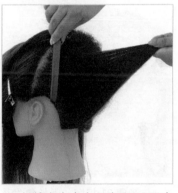

28. 保持后脑区左侧发束在左耳水平的高度，同时向正后方提拉后脑区左侧发束，使用 S 型包发梳梳理发束的中间到发梢的部分。

29. 保持发束走向如步骤 28 图中所示不变，使用包发梳梳理发束的中间到发梢的部分。站立的位置，也要相应移动到正后方偏右的位置。

30. 保持发束走向如步骤 28 图中所示不变，使用包发梳充分地梳理。将包发梳的鬃毛紧贴左耳上方后脑区与前额区的分区线处，而后向后回转包发梳，使其侧面与头发贴合。由于对分区线附近的发束进行过倒梳操作，所以梳理时应格外注意。

4. 当 U 型夹前端碰触到头皮时，停止施加使 U 型夹打开的力。

5. 将 U 型夹向侧面横放。

6. 使 U 型夹横向插入，直到底部，从而将假发片与发根固定在一起。

31. 保持包发梳侧面贴合头发的状态，同时向后移动包发梳，直到发束的中间位置。一直到通过了插入假发片的位置为止，包发梳的侧面与头发要始终保持贴合状态。

32. 通过固定假发片的位置后，向前翻转包发梳，使其鬃毛垂直插入发束，并梳理至发梢。

33. 与步骤30相同，将包发梳的鬃毛紧贴靠近头顶的后脑区与前额区分区线，而后向后回转包发梳，使其侧面与头发贴合。

34. 与步骤31相同，保持包发梳侧面贴合头发的状态向后移动包发梳，直到发束的中间位置。一直到通过了插入假发片的位置为止，包发梳的侧面与头发要始终保持贴合状态。

35. 与步骤32相同，通过固定假发片的位置后，向前翻转包发梳，使其鬃毛垂直插入发束，并梳理至发梢。

36. 与步骤30~31相同，将包发梳的鬃毛紧贴左耳后方发际线处，而后向后回转包发梳，使其侧面与头发贴合。向后移动包发梳，直到通过了插入假发片的位置为止。

37. 与步骤32相同，通过固定假发片的位置后，向前翻转包发梳，使包发梳的鬃毛垂直插入发束中，并梳理至发梢。

38. 梳理过程中，左手握住发束向右侧发区提拉，直至覆盖在假发片上且与右耳平行。站立的位置也移动到右侧发区的右耳附近。

39. 保持步骤38中发束的走向不变，多次反复使用包发梳梳理发束，梳理方法与步骤30~32相同（※4）。

40. 使用包发梳将发束向右上方梳理。当梳理高度高于头顶区右侧一股辫时，就要将握住发束的左手松开，使发束自然向上贴合。

41. 当发束贴近头顶区右侧一股辫时，使用左手控制住发束的走向，保持向上贴合的状态，使用包发梳梳理至发梢。

42. 左手握住步骤41中向上贴合的后脑区左侧发束，右手握住头顶区右侧一股辫。

※4 包发梳贴合的角度

将后脑区左侧发束向右侧提拉时，应使其与头部更具有贴合性，弧度更为相似。左边的发束向右侧牵引时，应和头部的弧度相吻合。不将包发梳贴合角度有所变化的话，发束最后会变得松弛。

梳理发束下方时包发梳的顶部要向内侧的地方插入。

梳理发束中下方时包发梳的顶部要稍稍向内侧插入。

梳理发束中上方时包发梳要垂直梳理。

梳理发束上方时包发梳的顶部向外侧倾斜。

43. 将右手中的发束交到左手，两股发束合并成一股（※5）。

44. 在原头顶区右侧一股辫扎橡皮筋的位置再次扎起橡皮筋，将两股发束扎在一起。

45. 后脑区左侧发束与头顶右侧一股辫合并后的状态。

46. 一边将后脑区右侧发束向右侧提拉到与右耳水平的位置，一边使用S型包发梳梳理发束的中间到发梢的部分。站立的位置在右侧发区的右耳附近。

47. 保持后脑区右侧发束在右耳水平的高度，向右侧后方约45度提拉后脑区右侧发束，使用S型包发梳梳理发束的中间到发梢的部分。站立的位置，也要在右后方45度的位置。

48. 向左侧后方约45度提拉后脑区右侧发束，使用S型包发梳梳理发束的中间到发梢的部分。站立的位置，也要相应移动到正后方偏左约45度的位置。

※5 将发束合并扎起时的注意点

✓

以手心朝上的状态来握住发束的话，比较容易使用橡皮筋打结。

✕

包裹假发片后，与头顶区的一股辫合并。如果此时左手展开，手指会十分影响橡皮筋的扎起。

第3章 球形发髻

49. 保持步骤 48 中发束的走向不变，换为使用包发梳梳理发束的中间到发梢的部分（※6）。

50. 左手握住发束，向左侧发区提拉，直至覆盖在假发片上且与左耳平行。站立的位置也移动到左侧发区的左耳附近。

51. 一边使用包发梳梳理，一边向上提拉发束，直至头顶区左侧一股辫的高度（※7）。

52. 继续边梳理边向上提拉发束。为了防止发束的下侧松散，在梳理过程中要用右手在发束下侧进行整理。

53. 将后脑区右侧发束提拉至头顶区左侧一股辫高度时，用左手握住后脑区发束，与头顶区左侧一股辫合并，在原头顶区左侧一股辫扎起橡皮筋的位置再次扎起橡皮筋，将两股发束扎在一起。

54. 这是后脑区右侧发束与头顶左侧一股辫合并后的状态。这样就完成了后脑区发束的交叉重叠造型。

※6 梳理发束的方法

梳理刚开始时，将包发梳的鬃毛紧贴在分区线或发际线上，而后向后回转，使其侧面与头发贴合。

保持包发梳侧面贴合头发的状态，梳理到通过了插入假发片的位置，这期间包发梳的侧面与头发要始终保持贴合状态。

※7 向上提拉梳理发束

想要将发束梳理到较高位置时，发束的上侧和下侧都特别容易松弛。在已经达到扎一股辫橡皮筋的高度时，可以使用鸭嘴夹和U型夹将发束与假发片暂时固定住，防止发束相互错开、产生裂隙。

将U型夹横向插入假发片。

用鸭嘴夹固定发束和假发片。

3.5 前额区分区后扭转固定

55. 在前额区，以左侧黑眼珠向上的延长线为界将头发左右分区。

56. 前额区的右侧也是同样，以右侧黑眼珠向上的延长线为界将头发左右分区。使用尖尾梳尾端画出分区线，直至前额区与后脑区的分区线为止。

57. 取左侧发区的发束，使用涂抹了定型剂的包发梳进行梳理。之后再使用尖尾梳梳理，整理表面使其美观，同时将发束向后上方提拉。

58. 保持左侧发区发束向后上方提拉的走向，将发尾握在右手中，右手手腕翻转，使发束顺时针扭转。

59. 将扭转后的左侧发区发束带向右侧发区，绕过头顶左侧的一股辫下方。

60. 用 U 型夹将左侧发区的发束固定在头顶左侧一股辫的右下方附近。之后，在略偏右的位置固定住发尾，使发尾在后脑区右侧自然下垂。

※8 前额区的梳理方法

1. 将前额区中间的发束整体向后梳理。

2. 将包发梳贴近前额，靠近前额的发束，以画曲线的方式向后进行梳理，使发束在额头上形成一定的下垂弧度。

第 3 章 球形发髻

61. 对右侧发区的发束，也同样使用包发梳和尖尾梳，一边进行梳理，一边将发束向后上方提拉，而后翻转手腕，使发束逆时针扭转。

62. 将扭转后的右侧发区发束带向左侧发区，绕过头顶右侧的一股辫下方并用 U 型夹将其固定在头顶右侧一股辫的左下方附近。之后，在略偏左的位置固定住发尾，使发尾在后脑区左侧自然下垂。

63. 取前额区中间的发束，使用涂抹了定型剂的包发梳进行梳理，梳理过程分为 4 个阶段，整理出头发弯曲的走向。梳理结束以后，用单叉夹进行暂时固定（※8）。

64. 将前额区中间发束向后上方提拉，并进行逆时针扭转。注意扭转时用右手按住发束的中间位置，避免扭转操作破坏前额区整理好的发束走向。

65. 将前额区中间的扭转发束覆盖在步骤 62 中的右侧发区扭转发束之上，并在头顶右侧一股辫的左下方附近使用 U 型夹固定。之后，在略偏左的位置固定住发尾，使发尾在后脑区左侧自然下垂。

66. 将两侧发区和前额区中间的发束扭转固定后的状态。

3. 将包发梳贴近前额区中间的发束，以画曲线的方式向后进行梳理，曲线的弧度要比步骤 2 中的略小。

4. 将包发梳贴近前额区后侧的发束，以更小的弧度画曲线进行梳理。

67. 由于接下来的操作容易打乱前额区原有的头发形态，所以先用单叉夹暂时固定。向正上方提拉步骤 45 中合并后的头顶右侧一股辫，使用涂抹了定型剂的包发梳进行梳理。

68. 将尖尾梳的尾部插入头顶右侧一股辫的发根，将其均匀地分成左右两个部分。

69. 头顶右侧一股辫已经分成左右两股的状态。

70. 取步骤 69 中分出的右侧发束，使用尖尾梳在发束靠近前额的一侧发根到中间部分进行倒梳操作。

71. 同样取步骤 69 中分出的左侧发束，使用尖尾梳在发束靠近前额的一侧发根到中间部分进行倒梳操作。

72. 先准备好比手掌稍微大一些的假发片，保持假发片每个部位厚薄、大小均等的状态。从这里开始，逐渐将假发片整理为直径 7~8 厘米的圆球形。

73. 右手握住假发片，将除了拇指以外的四个手指按在假发片一侧的中心位置。

74. 左手的食指和拇指做成一个圈，放在假发片上与右手掌心相对的另一侧。

75. 在用左手手指做成的圈中，用右手将假发片逐渐填充进去。

76. 一边使假发片紧凑，一边将假发片填充入用左手手指做好的圈中。

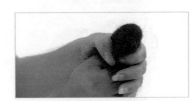

77. 反复进行上一步操作。

78. 一直到左手掌心内的假发片越来越少为止。这表明已经将大部分假发片填充进了左手手指圈住的空间内。

79.将假发片向内填充完成后，两手各抓住假发片的一端进行扭转和聚拢。

80.假发片整理成圆球形的状态。

81.将成型后的假发片固定在步骤70中倒梳好的右侧发束前方，也就是靠近前额的一侧。

82.固定假发片。

83.假发片固定好的状态。

84.取步骤70中倒梳后的右侧发束，将其自后向前翻转，倒向前额区一侧，并使用尖尾梳进行梳理，将发束表面因倒梳产生的蓬起整理平顺。

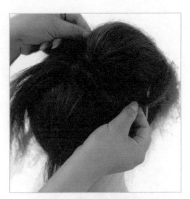

85. 将右侧发束覆盖在步骤83中固定好的假发片上，表面用尖尾梳梳理。

86. 两手分别捏住右侧发束的发根打结处，向左右两边扩展，使发束呈扇形展开。

87. 梳理扩展后的发髻表面。步骤84~87，都是站在正后方的位置进行操作的。

88. 将站位移动到前额区一侧，一边用左手手掌压住发髻后侧的表面，一边使用尖尾梳进行梳理。将发束向左侧发区梳理，做成自头顶右侧到前额左侧的头发走向。

89. 对头发走向和发髻表面进行整理之后，用尖尾梳的尾部紧贴发髻下方前额区一侧。

90. 左手在发髻后侧施加压力，使发髻向前额区倾斜。右手向头顶区左侧方向移动尖尾梳的尾部，将发髻的发尾梳理至假发片和头皮之间（※9）。

※9 整理发尾时站立的位置

发髻走向为自头顶右侧到前额左侧时，站在前额区一侧

发髻走向为自头顶右侧到前额区一侧时，容易保持发髻前倾的状态，也容易将尖尾梳的尾部插入假发片和头皮之间。但是，如果是头顶左侧到前额右侧走向，就相反了。

发髻走向为自头顶左侧到前额右侧时，站在后脑区一侧

发髻走向为自头顶左侧到前额右侧时，如果站立在后脑区一侧，容易保持发髻前倾的状态，也容易将尖尾梳的尾部插入假发片和头皮之间。但是，如果是头顶右侧到前额左侧走向，就相反了。

91. 继续将右侧发束向后方梳理，然后整理发髻的形态，使右侧发束覆盖在假发片上。

92. 用 U 型夹将右侧发束固定在靠近假发片左侧的一端，注意随着操作对象的转移而灵活地移动站位。

93. 取步骤 92 中固定后余下的右侧发束的发梢，从后面绕过发髻根部，带向右侧发区，做成假发片外侧的缠绕发束。

94. 在发髻的根部附近，用 U 型夹固定住右侧发束的发梢。

95. 用尖尾梳整理发髻表面的头发走向。

96. 取步骤 71 中倒梳后的左侧发束，带向前额区，并使用尖尾梳进行梳理，将发束表面因倒梳产生的蓬起整理平顺。

97. 将左侧发束自后向前翻转，倒向前额区一侧，并将步骤95中所做成的发髻覆盖，表面再用尖尾梳进行梳理。

98. 两手分别捏住左侧发束的发根打结处，向左右两边扩展，使发束呈扇形展开。

99. 梳理扩展后的发髻表面。

100. 一边用左手手掌压住发髻后侧的表面，一边使用尖尾梳进行梳理。将发束向右侧发区方向梳理，做成自头顶中间到前额右侧的头发走向。

101. 对头发走向和发髻表面整理之后，左手在发髻后侧施加压力，使发髻向前额区倾斜，用尖尾梳的尾部紧贴发髻下方前额区一侧。

102. 右手向头顶区右侧方向移动尖尾梳的尾部，将发髻的发尾梳理至假发片和头皮之间。

103. 继续将左侧发束向后方梳理，然后整理发髻的形态，使左侧发束覆盖在假发片上。

104. 用 U 型夹将左侧发束固定在靠近假发片右侧的一端。

105. 取步骤 104 中固定后余下的左侧发束的发梢，从后面绕过发髻根部带向左侧发区，做成假发片外侧的缠绕发束，并使用 U 型夹固定在发髻的根部附近。

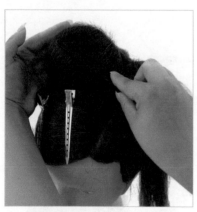

106. 用尖尾梳整理发髻表面的头发走向。

107. 头顶区右侧的球形发髻完成后的状态。

3.7 头顶左侧制作环形卷

108. 向正上方提拉步骤53中合并后的头顶左侧一股辫，梳理后将其均匀地分成左右两个部分。

109. 右手向上提拉步骤108中分取出的右侧发束，左手拇指紧贴发束根部的右侧，将发束向右侧发区倾斜，逆时针缠绕在左手拇指上。

110. 将右侧发束缠绕在左手拇指上做环形卷，左手逐渐调整位置，顺时针方向将拇指转为指尖正对右侧发鬓的位置（※10）。

111. 继续调整左手位置，逆时针方向将拇指转为指尖正对后脑区的位置。保持环形卷形状不变，右手从环形卷上捏出细小的发束，调整环形卷表面的形态，使其富有动感。

112. 用U型夹在发根处固定住环形卷。

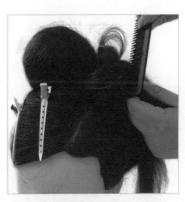

113. 取步骤112中固定后余下的发尾，用尖尾梳进行梳理。

3.7 头顶左侧制作环形卷

※10 什么是环形卷?

从正面看的时候，发卷看起来像是圆形车轮一样的卷发。注意不要出现卷度相同且重叠的发卷。大小不一的弯曲度和有所差别的方向性，是形成美观环形卷的关键。

环形卷正面   环形卷侧面

114 右手握住梳理好的发尾，左手拇指按压在步骤112中固定环形卷的位置。

115.将发尾向右侧发区倾斜，逆时针缠绕在左手拇指上。

116.左手保持环形卷形状不变，右手从环形卷上捏出细小的发束，拉松环形卷的表面。

117.使用U型夹固定住发尾的环形卷。

118.取步骤117中固定后余下的发梢，用尖尾梳进行梳理。

119.继续将发梢顺时针缠绕在左手拇指上，形成环形卷。右手从环形卷上捏出细小的发束，拉松环形卷的表面。

120. 使用 U 型夹固定住发梢的环形卷。

121. 取步骤 108 中分取出的左侧发束，左手从下方握住发束，左手食指穿过其发根下方。

122. 向下翻转左手手腕，顺时针扭转左侧发束，并用左手手指将发束按压在发根处。

123. 左手保持环形卷形状不变，右手从环形卷上捏出细小的发束，拉松环形卷的表面。

124. 用 U 型夹在发根处固定住环形卷。

125. 取步骤 124 中固定后余下的发尾，用尖尾梳进行梳理。

126 将发尾顺时针缠绕在左手食指上。

127. 左手保持环形卷形状不变，右手从环形卷上捏出细小的发束，拉松环形卷的表面并使用 U 型夹固定。

128. 取步骤 127 中固定后余下的发梢，用尖尾梳进行梳理。

129. 由于余留的发梢长度较短，用手指做环形卷较为困难，所以直接用 U 型夹将发梢固定成环形卷的形状。

130. 为了能从正面看到既蓬松又整齐的环形卷，需要对其表面进行调整，加大环形卷的弯曲度，增强整体的平衡。

131. 头顶左侧环形卷制作完成后的状态。

3.8 合并发尾后做螺旋卷

132.取步骤 62 和步骤 65 中固定后余下的右侧发区和前额区中间的发尾部分，并将二者合并，用包发梳进行梳理。

133.将梳理好的合并发尾顺时针缠绕在左手食指上，形成螺旋卷。

134.右手从螺旋卷上捏出细小的发束。

135.一边将已经拉出的细小发束的位置和大小相互错开，一边继续拉出更多的细小发束。

136.拉松螺旋卷操作结束后，用U 型夹固定住螺旋卷。

137.直接用 U 型夹将较短的发梢固定成螺旋卷的形状（※11）。

※11 拉松螺旋卷的注意点

发束形成螺旋卷之后，在螺旋卷表面拉出细小的发束，使其展现出动态的效果。想要做出外表美观且不凌乱的动态发卷，就要以发卷的旋转中心为中轴线，错开位置拉出不同大小的细小发束，同时向两侧延伸，形成动态的平衡。

发卷的旋转中心

拉出细小的发束

138 取步骤 60 固定后余下的左侧发区的发尾部分，用包发梳进行梳理。

139. 将梳理好的左侧发区发尾顺时针缠绕在左手食指上，形成螺旋卷。

140. 右手从螺旋卷上捏出细小的发束。一边将已经拉出的细小发束的位置和大小相互错开，一边继续拉出更多的细小发束。

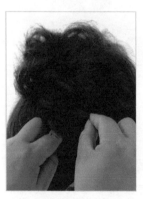

141. 拉松螺旋卷操作结束后，用 U 型夹固定住螺旋卷。

142. 取步骤 141 中固定后余下的发梢，用尖尾梳进行梳理并顺时针缠绕在左手食指上，形成螺旋卷。

143. 右手从螺旋卷上捏出细小的发束后，用 U 型夹固定住螺旋卷。

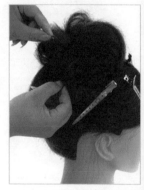

144. 整体察看发尾做螺旋卷的效果并调整平衡。

3.10 完成效果

让我们来复习一下吧

整理假发片的方法已经明白了吗?

根据所设计的整体发型来决定假发片所在的位置,从而进一步明确假发片的形状和硬度。目前已经学习过的整理假发片的方法,大家可以试着回顾一下。

已经掌握向上提拉梳理发束的要点了吗?

将后面的发束向上提拉时,要一边提拉一边使用包发梳进行梳理。为了不让它松弛,站立的位置要随着包发梳贴合头发的角度做出相应的移动。大家在实际操作中也要注意这一点。

带有前锋的螺旋发卷　　　圆环发卷

能理解环形卷和螺旋卷的区别吗?

头顶左侧制作的环形卷和后脑区用发尾制作的螺旋卷,这两种发卷的操作方法在同系列初级书籍中也进行过讲解。注意两者方向性的不同,认真掌握其技术,能够给发型设计带来多变的可能性。

3.11 调整发型

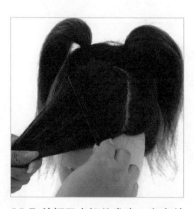

第 3 章 球形发髻

01.将后脑区发束交叉重叠，并对前额区进行分区。对分区后的左右两侧发束进行扭转固定的操作，留出前额区中间的发束。

02.取前额区中间的发束，向右前方拉直，用尖尾梳进行梳理。

03.用左手握住发束，食指置于发束的发根之下，向上翻转手腕，逆时针扭转发束。

04.两手相互辅助，继续对发束进行扭转。

05.将扭转后的发束按压固定在右侧太阳穴的位置。

06.将按压住的扭转发束略微向上提拉，使发根处产生一定的蓬松，为前额区做造型留出余地。

07. 在前额区的中心位置，用手指向下拉出发束，使发束表面呈现出弯曲的弧度。

08. 使用单叉夹将扭转并拉伸后的发束进行暂时的固定。

09. 将步骤 08 中固定后余下的发束继续进行逆时针扭转。

10. 一边向后脑区提拉一边扭转发束，之后在右耳后上方用单叉夹暂时固定。

11. 取头顶左侧的一股辫，使用涂抹了定型剂的包发梳进行梳理，之后再用尖尾梳进行梳理。

12. 将步骤 11 中梳理好的左侧一股辫编织成鱼骨辫的形状。头顶区分为左右两侧的一股辫后，每个一股辫的发量都变少了，在编发时要略微编松一些，避免之后进行拉松操作时发辫太紧，无法做到。

※12 鱼骨辫

鱼骨辫最开始是将发束分成两股，左右交替，将其中一股均等地分为两股，并与另一股交叉编织的方法，最终会形成像鱼骨的形状。根据发束分开的粗细不同等情况，同样的鱼骨辫也会看起来有所变化。

129

13. 编发至发梢后，左手捏住发梢，防止发辫松散，右手拿尖尾梳在发梢处进行倒梳。

14. 编织好的鱼骨辫，根据发辫的长短，目测从发根开始到距发根约三分之一的位置，用手指拉出细小的发束（※13）。

15. 将鱼骨辫的发根向右前方倾斜，并用右手按压住倾斜后的发根。

16. 用U型夹对步骤15中已经按压住的发根部分进行内固。

17. 对步骤16中已经固定的部分靠近发梢的一侧，再一次进行拉松操作，使发束的松散程度扩大。

18. 将距发根约三分之一的位置固定在后脑区右上方，用左手按压住，使鱼骨辫形成拱起的空心圆形。从正面确定发辫的状态，在保持动感和质感平衡的前提下，再次对发辫进行拉松操作。

※13 鱼骨辫的拉松

将鱼骨辫拉松时，将交叉发束间隔1~2个发束进行拉松操作，看上去会很漂亮。由于鱼骨辫编得比较细致，每间隔一个交叉发束向外拉出细小发束的话，就渐渐看不出相互交叉的细节了。

19.用 U 型夹对步骤 18 中已经按压住的发根部分进行内固。

20.将步骤 19 中固定后余下的发尾部分绕过拱起的鱼骨辫，向右侧发区带去，这部分发尾是未经过拉松操作的状态。

21.整理鱼骨辫发尾部分的形态，使人从正面能够看到发辫上鱼骨的形状。用 U 型夹将发梢固定在拱起的鱼骨辫右边内侧。

22.对头顶左侧拱起的鱼骨辫再次进行调整，保持整体的平衡。

23.取头顶右侧的一股辫，使用包发梳和尖尾梳进行梳理，而后编织成鱼骨辫的形状。编发至发梢后，左手捏住发梢，防止发辫松散，右手拿尖尾梳在发梢处进行倒梳。

24.与步骤 14 相同，根据编织好的鱼骨辫的长短，目测从发根开始到距发根约三分之一的位置，用手指拉出细小的发束。

25. 将鱼骨辫的发根向左前方倾斜，并用右手按压住倾斜后的发根。

26. 用 U 型夹对步骤 25 中已经按压住的发根部分进行内固。

27. 对步骤 26 中已经固定的部分靠近发梢的一侧，再一次进行拉松操作，使发束的松散程度扩大。

28. 将距发根约三分之一的位置固定在后脑区右上方，用左手按压住，使鱼骨辫形成拱起的空心圆形，而后用 U 型夹在按压位置进行内固。

29. 将步骤 28 中固定后余下的发尾部分绕过拱起的鱼骨辫向左侧发区带去，这部分发尾是未经过拉松操作的状态。

30. 将步骤 29 中向左侧发区带去的发尾从步骤 20 中向右侧发区带去的发尾下方穿过。整理鱼骨辫发尾部分的形态，使人从正面能够看到发辫上鱼骨的形状。用 U 型夹将发梢固定在拱起的鱼骨辫右边内侧。

31. 用 U 型夹对步骤 30 中穿过去的发梢进行固定。

32. 对头顶右侧拱起的鱼骨辫再次进行调整，保持整体的平衡。

33. 取步骤 01 中固定后余下的左侧发区的发尾部分，用尖尾梳进行梳理。

34. 将步骤 33 中梳理好的左侧发区发尾顺时针缠绕在左手食指上，形成螺旋卷。

35. 右手从螺旋卷上捏出细小的发束。一边将已经拉出的细小发束的位置和大小相互错开，一边继续拉出更多的细小发束。拉松螺旋卷操作结束后，用 U 型夹固定住螺旋卷。

36. 取步骤 35 中固定后余下的发尾，用尖尾梳进行梳理并顺时针缠绕在左手食指上，形成螺旋卷。

37 右手从螺旋卷上捏出细小的发束后，用 U 型夹固定住螺旋卷。

38.取步骤 37 中固定后余下的发梢，自下向上顺时针缠绕在左手食指上，形成螺旋卷，并捏出细小的发束。

39.将发梢也制作螺旋卷后，用 U 型夹固定。

40.取步骤 01 中固定后余下的右侧发区和前额区中间的发尾部分合并，用尖尾梳进行梳理。将梳理好的合并发尾逆时针缠绕在左手食指上，形成螺旋卷。

41.右手从螺旋卷上捏出细小的发束后，用 U 型夹固定住螺旋卷。

42.取步骤 41 中固定后余下的发梢，逆时针缠绕在左手食指上，形成螺旋卷。

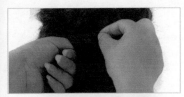

43. 右手从螺旋卷上捏出细小的发束，后用 U 型夹固定住螺旋卷。

44. 将发梢也制作螺旋卷后，用 U 型夹固定。

45. 将步骤 10 中右耳后上方的单叉夹取下，从扭转发束上拉出细小的发束。注意拉出细小发束的位置要相互错开。

46. 将扭转发束的发梢提拉至后脑区上方，也制作螺旋卷，然后用 U 型夹固定在步骤 33~44 所制作螺旋卷的内侧。

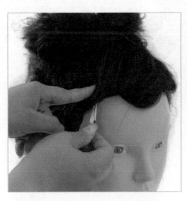

47. 将步骤 08 中固定扭转发束的单叉夹取下。

48. 左手按压住扭转发束，右手使用 U 型夹进行内固，注意不要将 U 型夹露出表面。之后，从扭转发束上捏出细小的发束。

3.12　调整发型后的效果

3.13　调整对比

与调整前的发型效果相比，到底是哪里进行了整理和改变呢？让我们来确认一下吧。

后脑区

调整前后的后脑区发束都做了交叉重叠的造型，但是调整后的后脑区螺旋卷搭配拱起的鱼骨辫，显得更加富有动感和质感，增加了设计的层次感和灵动感。而调整前的后脑区螺旋卷则较为单一，显示出工整干净的设计理念，具有端庄典雅的意味。

左侧发区

无论是调整前还是调整后，左侧发区都是扭转后做螺旋卷的造型。头顶区左侧则是是调整前做环形卷，而调整后做拱起的鱼骨辫。从左侧发区看，调整前较为松散，富有随机动感，调整后则更为紧凑。

前额区和头顶区

调整前后的前额区发束和头顶区右侧发鬓表面都比较光滑平整，与头顶区左侧的环形卷形成对比，突出了各自的质感。而调整后则是头顶区拱起的鱼骨辫和光滑的前额区形成不同质感的对比。头顶区编成了鱼骨辫以后，给人留下可爱的印象，而前额区的曲线造型更加凸显出女性美。

右侧发区

调整前的右侧发区是较为光滑的表面，强调了头发的走向。而调整后，对前额区中间发束则进行了扭转和拉松，并与后脑区的螺旋卷相互衔接呼应，更加强调了设计感。

137

第4章 侧偏式发髻

在第 4 章，将学习使用假发片制作侧偏式发髻的造型。发束的梳理方法和倒梳方法，以及假发片的整理方法等，都是我们已经学习过的内容，在本章将进行再一次的复习和总结。

4.1 造型介绍

制作发型的流程

将后脑区发束左右分开，左侧扎起一股辫，右侧倒梳之后，在中间位置固定假发片，然后将右侧的倒梳发束覆盖在假发片上，形成包裹，接着在两侧发区制作折返后的扭转发束。头顶区固定假发片后，用一股辫进行包裹，从而完成侧偏式发髻的制作。

①将后脑区发束左右分开，左侧扎起一股辫。

②在后脑区中间位置固定假发片。

③将后脑区右侧的倒梳发束覆盖包裹住假发片。

④在两侧发区制作折返后的扭转发束。

⑤在头顶区固定假发片。

⑥头顶一股辫包裹假发片。

学习这个发型就会做

● **掌握单侧发束包裹假发片的制作方法**

这里解说的单侧发束包裹假发片的制作方法，是后脑区加入假发片后进行覆盖时非常具有代表性的一种设计，要点是使头发走向不凌乱，表面看上去很美观。注意点是覆盖假发片时对站位的调整。

● **学会假发片的整理方法**

单侧发束包裹假发片是在后脑区固定硬质锥形假发片而形成的，关键点是，只有硬质锥形的假发片才能营造出发量大的视觉效果，从而保持住发型。

● **知道侧偏式发髻的制作方法**

侧偏式发髻是一种在头顶中心偏左或偏右的位置制作的发髻，而且设计了自前向后（从前额区到后脑区）的头发走向。

侧偏式发髻

这一章，我们要学习将后脑区的左侧区域扎成一股辫，右侧发束覆盖假发片后所形成的造型。这里将对扎一股辫进行较为详细的复习解说，这个对于初学者来说比较容易掌握。两侧发区折返扭转后，与头顶区做成的侧偏式发髻相连接。要一边注意头发的走向，一边考虑整体造型。

4.2 分区

01. 以耳朵前上方和头顶黄金点的连线为界将头发前后分开。在前额区以左侧黑眼珠向上的延长线为界将头发左右分区。

02. 将尖尾梳顶端梳齿紧贴在头顶中心偏右 2~3 厘米的位置。

03. 以步骤 02 中的位置为起点，从后脑区右上方向正下方画曲线来给头发分区。

04. 将尖尾梳斜向下画曲线，经过右耳后侧时，保持与右耳后侧的发际线 4~5 厘米的距离，而后继续画曲线，到正中线与后脑区下方发际线交叉点为止。

05. 后脑区已经处于左右分区的状态。之后的步骤中，左侧发束将制作一股辫，右侧发束会覆盖包裹假发片。

06. 用鸭嘴夹对后脑区右侧发束进行暂时固定。

4.3　后脑区左侧扎一股辫

07. 取步骤 02~06 中分区后的后脑区左侧发束，向上略微提拉后，用 S 型包发梳进行梳理（※1）。

08. 将 S 型包发梳左侧的鬃毛紧贴后脑区与左侧发区的分区线，再将 S 型包发梳向后回转，使其侧面与头发贴合。向后上方移动 S 型包发梳，一边提拉发束，一边梳理到发束的中间位置。

09. 梳理到中间位置之后，向前翻转 S 型包发梳，使其鬃毛垂直插入发束中。

10. 左手在发束的下面托住，用 S 型包发梳梳理到左手位置为止。要点是左手支撑住发束，用 S 型包发梳仔细地进行梳理。

11. 梳理过左手位置后，用左手握住发束，用 S 型包发梳继续梳理，直到发梢为止。

12. 发束右侧也是采用步骤 08~11 的方法进行梳理，不同点是，从后脑区左右两侧的分区线开始梳理。

※1　发束梳理的方法
用 S 型包发梳梳理需要向上提拉的发束时，注意发束要一点点向上提拉，切不可一次性提拉到位。

1. 将后脑区发束向下集中，使用 S 型包发梳梳理发束的发尾和发梢部分。

2. 左手握住发束，向上提拉至后脑的位置，右手使用 S 型包发梳梳理发束中间到发梢的部分。

3. 左手握住发束，向上提拉至头顶的位置，右手使用 S 型包发梳梳理发束中间偏上到发梢的部分。

4. 左手握住发束，向上提拉至高过头顶的位置，右手使用 S 型包发梳梳理发束中间偏上到发梢的部分。

5. 左手握住发束，向上提拉至接近正上方的位置，右手使用 S 型包发梳梳理发束发根到发梢的部分。

13. 用 S 型包发梳梳理完成后，换为包发梳继续进行梳理。在包发梳上涂抹定型剂，而后将其紧贴在后脑区与左侧发区的分区线上，同样要翻转包发梳，采用步骤 08~11 的方法进行梳理。

14. 梳理左下方发束时，包发梳要紧贴在后脑区左耳后方的发际线上。发束左侧和右侧都是同样，采用步骤 08~11 的方法进行梳理。

15. 用包发梳梳理完成后，换为尖尾梳继续进行梳理。将尖尾梳的梳齿紧贴在后脑区与左侧发区的分区线上，而后放平尖尾梳开始梳理。发束左侧和右侧都是同样，采用步骤 08~11 的方法进行梳理。

16. 对发束进行了充分的梳理并提拉至接近正上方的位置后，左手握住发束的发根，而后在发束中间的左侧水平地插入尖尾梳的梳齿，右手的拇指和尖尾梳夹住发束，梳理到发梢为止。

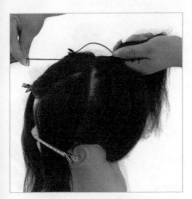

17. 在头顶的黄金点略微偏右的位置将发束用橡皮筋扎成一股辫。

18. 后脑区左侧发束扎起一股辫的状态（※2）。

4.3 后脑区左侧扎一股辫

※2　后脑区分区的头发走向

不是以竖直向上的方向形成尖锐的头发走向，而是像画一个大的曲线一样形成头发的走向。这是制作美丽发型的诀窍。

19.以后脑区左右两侧发束的分区线为基准向右侧扩展，使用尖尾梳的尾部沿分区线右侧1厘米的外围画曲线，自上而下取厚度约1厘米的发束。

20.向着后脑区下方发际线位置，以曲线轨迹向左下方进行分取。

21.分取出需要倒梳的发束后的状态。

22.将取出的发束用左手握住，从发束的根部开始到发梢为止用尖尾梳进行梳理，使发束的表面松散，平铺成薄薄的一层，便于之后对发束进行倒梳。

23.对左侧发束进行倒梳操作（※3）。

24.将步骤23中倒梳的发束向左侧提拉，在提拉发束的外侧，即不接触假发片的一侧中间插入梳齿进行倒梳，只需倒梳中间到发根的部分即可。

※3　发束内侧倒梳的方法

在发束内侧进行倒梳的目的是填充假发片和发束的空隙，在内侧将发束与发束相互连结并弄得模糊。在这里再一次地复习一下倒梳发束的方法。右图中是已经在第2章中解说过的内容，这里加以复习。

1.向下伸展发束，将尖尾梳的梳齿相对发束成直角插入发尾中。

2.倒梳至中间位置后停止，并抽出尖尾梳。

3.在步骤2中将尖尾梳抽出的位置，稍稍向下移动并插入尖尾梳的梳齿。

4.使用尖尾梳向发根方向进行倒梳，直至发束中间偏上的位置，而后抽出尖尾梳的梳齿。

25. 在步骤 21 中分取出的发束右侧外围约 1 厘米的扩展区域，再次使用尖尾梳的尾部画曲线，自上而下取厚度约 1 厘米的发束。

26. 将步骤 25 中分取出的发束与步骤 24 中倒梳过的发束合并，然后进行梳理和倒梳。

27. 将步骤 26 中倒梳的发束向左侧提拉，按照与步骤 24 同样的方法进行倒梳。

28. 在步骤 25 中已经分开的发束右侧，将剩下的发束全部取得后，从发根开始到发梢为止用尖尾梳梳理，梳理起头皮处少量的逆向毛发。将后脑区右侧发束与步骤 27 中倒梳过的发束合并，然后按照步骤 22~23 的操作进行梳理和倒梳。

29. 将步骤 28 中倒梳的发束向左侧提拉，按照步骤 24 的方法进行倒梳。

5. 在步骤 4 中将尖尾梳抽出的位置，稍稍向下移动并插入尖尾梳的梳齿。

6. 使用尖尾梳向发根方向进行倒梳，直至发束上方的位置，而后抽出尖尾梳的梳齿。

7. 在步骤 6 中将尖尾梳抽出的位置，稍稍向下移动并插入尖尾梳的梳齿。

8. 使用尖尾梳向发根方向进行倒梳，至分区线的位置，而后抽出尖尾梳的梳齿，将倒梳蓬起的发束集中在分区线附近。

9. 倒梳发束至分区线后，将尖尾梳的梳齿朝下按压在分区线上。对倒梳发束的表面进行整理后，抽出尖尾梳。

10. 倒梳发束完成后的状态。

4.5 固定假发片

30.初步整理假发片（※4）。

31.初步整理后的假发片，先握在手掌里，从一端开始仔细地整理成圆形。

32.右手加以辅助，掌心相对左手展开，按压住假发片的另一侧，而后左手将假发片向内重叠压缩，一边使假发片的密度增大，一边将其整理成细长的形状。

33.双手相互辅助，不断地向内重叠压缩假发片，增加其密度。

※4 **假发片的初步整理** 复习一下假发片初步整理的操作吧。

1 首先要检查大块假发片的状态，选择表面平整美观的部分进行摘取。

2 对假发片进行摘取，目测大小与手掌差不多即可。

3 这是摘取出的假发片的状态。

4 右手握住假发片，左手从其一侧再次摘取出一小部分，而后将右手中的假发片整理成三角形。

34. 多次重复步骤 32~33 的操作，使得假发片形成一端为圆形，另一端为锥形的形状，而后对假发片进行扩展和包裹的反复操作，使其形成紧凑结实、密度较大的假发片。

35. 左手握住假发片下端，右手握住假发片上段，保持左手不动，右手略微向上提拉假发片，使其形态稍微加长一些。

36. 最终整理完成的假发片形状。用手指按压的话，能感觉到紧致和弹力，这就是硬质锥形假发片（※5）。

37. 整理完成的假发片，要固定在后脑区的正中间位置。这个时候，假发片的上端要略微高出头顶一股辫的橡皮筋处，下端则要刚好遮盖住后脑区下侧的发际线。

38. 用左手按压固定住假发片，右手整理假发片上端。注意不能高过头顶一股辫的橡皮筋太多，以免之后无法形成完全的包裹。

5. 将左手摘取出的小部分假发片包裹进右手三角形假发片之内。

6. 重复步骤 4 的操作，从融为一体的假发片中再次摘取一小部分。

7. 重复步骤 5 的操作，将摘取出的小部分假发片包裹进大假发片之内。这种摘取小部分假发片向大假发片内包裹的操作要多次反复进行。

8. 多次重复步骤 4~5 之后的操作，反复的摘取和包裹使得中心处比较厚重，周围则较为稀薄，外形保持为三角形。

39. 使用 U 型夹将假发片的左上侧进行固定。

40. 而后在假发片右侧的上、中、下三个位置进行固定。

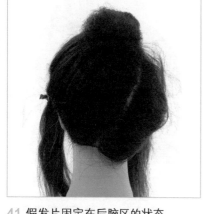 

41. 假发片固定在后脑区的状态。

※5 假发片的硬度

左图是第 2 章中讲解过的柔和锥形假发片，右图是本章中制作的硬质锥形假发片。即使是同样的锥形，其软硬度也可以通过假发片的密度和手感来进行区分。

柔和锥形假发片　　　硬质锥形假发片

4.6 梳理后脑区右侧发束

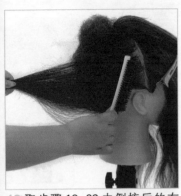

42. 取步骤19~29中倒梳后的右侧发束，用S型包发梳梳理其外侧表面。首先将S型包发梳的鬃毛紧贴后脑区与右侧发区的分区线，再将S型包发梳向后回转，使其侧面与头发贴合。

后面看的效果

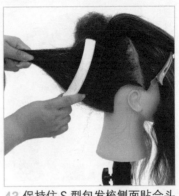

43. 保持住S型包发梳侧面贴合头发的状态，同时向后移动S型包发梳，直到它通过了插入假发片的位置为止。

44. 通过固定假发片的位置后，向前翻转S型包发梳，使其鬃毛垂直插入发束中。用右手的拇指和S型包发梳夹住发束进行梳理。

45. 左手握住发束，用S型包发梳梳理，直到发梢为止。

46. 而后将S型包发梳的鬃毛紧贴后脑区右耳后下方的发际线，并将S型包发梳向后回转。

47. 保持住 S 型包发梳侧面贴合头发的状态，同时向后移动 S 型包发梳，直到它通过了插入假发片的位置为止。要一边进行梳理一边向上提拉发束，直至头顶高度。

48. 通过固定假发片的位置后，向前翻转 S 型包发梳，使其鬃毛垂直插入发束中进行梳理。一边梳理一边将发束向左侧提拉，使其覆盖在假发片上。

49. 左手握住发束，用 S 型包发梳梳理，直到发梢为止。

后面看的效果

后面看的效果

50. 用S型包发梳梳理完成后，换为包发梳继续进行梳理。在包发梳上涂抹定型剂，而后将其紧贴在后脑区与右侧发区的分区线上，再将包发梳向后回转，使其侧面与头发贴合，同时向后移动包发梳，直到它通过了插入假发片的位置为止。

51. 通过固定假发片的位置后，向前翻转包发梳，使其鬃毛垂直插入发束中。用右手的拇指和包发梳夹住发束进行梳理。

52. 左手握住发束，用包发梳梳理到发梢为止。

53. 而后将包发梳的鬃毛紧贴后脑区右耳后下方的发际线，将包发梳向后回转，并保持住包发梳侧面贴合头发的状态，同时向后移动包发梳，直到它通过了插入假发片的位置为止。

54. 通过固定假发片的位置后，向前翻转包发梳，使其鬃毛垂直插入发束中。左手握住发束，用包发梳梳理到发梢为止。

55. 再一次将包发梳的鬃毛紧贴后脑区右耳后上方的发际线，将包发梳向后回转并保持住包发梳侧面贴合头发的状态，同时向后移动包发梳，直到它通过了插入假发片的位置为止。

56. 通过固定假发片的位置后，向前翻转包发梳，使其鬃毛垂直插入发束中，进行梳理。一边梳理一边将发束向左侧提拉，使其覆盖在假发片上。

57. 左手握住发束，用包发梳梳理到发梢为止。

58. 保持发束向左侧提拉的状态，将包发梳的鬃毛紧贴后脑区下方右侧的发际线。保持住包发梳侧面贴合头发的状态，向后移动，直到它通过了插入假发片的位置为止。

59. 通过固定假发片的位置后，向前翻转包发梳，使包发梳的鬃毛垂直插入发束中。左手握住发束，用包发梳梳理，直到发梢为止。

60. 用包发梳梳理完成后，换为尖尾梳继续进行梳理。将尖尾梳梳齿紧贴在后脑区与右侧发区的分区线上，而后放平尖尾梳，使其侧面与头发贴合，同时向后移动尖尾梳，直到它通过了插入假发片的位置为止。

61. 通过固定假发片的位置后，向前翻转尖尾梳，使其梳齿垂直插入发束中。用右手的拇指和尖尾梳夹住发束进行梳理。

62. 左手握住发束，用尖尾梳梳理，直到发梢为止。

63.将尖尾梳的梳齿紧贴后脑区右
耳后下方的发际线，而后放平
尖尾梳，使其侧面与头发贴合。

64.向后移动尖尾梳，直到它通过
了插入假发片的位置为止。

65.通过固定假发片的位置后，向
前翻转尖尾梳，使其梳齿垂直
插入发束中。用右手的拇指和
尖尾梳夹住发束进行梳理。

66.左手握住发束，用尖尾梳梳理
到发梢为止。

67.将尖尾梳的梳齿紧贴后脑区右耳后上方的发际线，而后放平尖尾梳，
使其侧面与头发贴合，向后移动尖尾梳，直到它通过了插入假发片的
位置为止。

68.通过固定假发片的位置后，向前翻转尖尾梳，使其梳齿垂直插入发束中，用右手的拇指和尖尾梳夹住发束进行梳理。左手握住发束，用尖尾梳梳理，直到发梢为止。

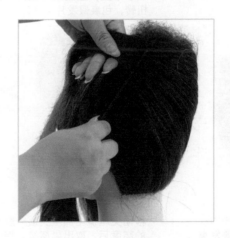

69.将尖尾梳的梳齿紧贴后脑区下方右侧的发际线，放平尖尾梳，使其侧面与头发贴合。向后移动尖尾梳，直到它通过了插入假发片的位置，而向前翻转尖尾梳，使其梳齿垂直插入发束中，进行梳理。梳理方向为左上方，要将右侧发束的走向整理为自然地集中于左上方的效果。

4.7　包裹后脑区假发片

70. 后脑区右侧发束向左上方提拉后，将尖尾梳的尾部紧贴在其左下方发束边缘的斜线上（※6）。

71. 将尖尾梳尾部插入左下方的后脑区右侧发束和假发片之间，左手拇指和食指捏住后脑区右侧发束，其余的手指将覆盖在内侧的假发片向内调整，使其略微向上蓬起，同时向下翻转左手手腕，让发束略微向内侧扭转，包裹假发片（※7）。

72. 逐渐向内、向上移动尖尾梳尾部，将后脑区右侧发束的边缘扭转到假发片之下，左手中指、无名指和小指则将假发片略微下压，使其更多地包裹在发束之中。

73. 继续将尖尾梳尾部逐渐向内、向上移动，使后脑区右侧发束的边缘扭转到假发片之下，同时握住发束的左手也配合尖尾梳的移动，向内扭转发束。

74. 移动尖尾梳尾部至头顶一股辫的高度后，取出尖尾梳，握住后脑区右侧发束的左手按压发束，固定在头顶一股辫下方，同时将发束再次向内扭转。

75. 保持左手按压固定住后脑区右侧发束的状态，让发束不松散。在头顶一股辫略微偏左下的位置，用U型夹进行固定（※8）。

※6　检查站立的位置

步骤70~74与步骤65~69同样，要选择在与左耳平行的左侧面位置站立，并进行操作。

※7　左手握住发束的扭转方法

伴随着尖尾梳的尾部上提，后脑区右侧的发束要向内扭转，包裹住假发片，使后面看起来更加美观（右图说明中的数字即相应操作步骤的编号）。

1. 首先，只是握住发束，不进行扭转，而后配合尖尾梳的操作，逐渐向内扭转发束，包裹假发片。

76. 将步骤 75 中固定后余下的发尾再次进行扭转，并绕过头顶一股辫左侧带向前额区的方向。待扭转至后脑区与前额区的分区线略偏后的位置，也就是头顶一股辫左侧附近时，用 U 型夹进行固定。

77. 右手食指和中指背面按压在步骤 76 中的 U 型夹上，左手捏住固定后余下的发尾。

78. 将发尾向后翻转，缠绕在右手的中指上，直至发梢。

79. 在头顶一股辫和分区线两者中间偏左的位置，将缠绕成圆形卷的发尾放平按住，右手手指从发束的圆环中抽出，整理发梢部分，使其贴合头皮，不要翘起，之后用 U 型夹内固。

80. 左手向下，向包裹假发片的发束内按压假发片，右手使用尖尾梳梳理包裹假发片的发束表面，使发束向上扩展，直至几乎全部遮盖假发片。

81. 用后脑区右侧发束包裹假发片，且将发尾和发梢整理成圆形卷后的状态。

2. 左手的手腕向下翻转，发束也随之稍稍向内侧扭转。

3. 进一步翻转左手手腕，发束也进一步扭转到内侧。

4. 左手手腕翻转至向上的程度，发束也随之扭转至内侧。

5. 发束被 U 型夹固定以后，将左手手指抽出来。

4.8 左侧发区折返后扭转

82. 取左侧发区的发束，使用涂抹了定型剂的包发梳进行梳理。首先将包发梳紧贴在左右两侧发区的分区线上。

83. 向后下方移动包发梳。一边将发束向后方提拉，一边进行梳理，到发梢为止。

第4章 侧偏式发髻

84. 再换成尖尾梳进行梳理。也是从左右两侧发区的分区线开始梳理。首先将尖尾梳放平，梳齿插入发束的程度略浅一些，向后下方移动。

85. 梳理到中间位置之后，向前翻转尖尾梳，使梳齿垂直插入发束中，继续向后下方梳理。

※8 U型夹固定的位置

用于覆盖假发片的发束，在使用U型夹固定时，具体位置在头顶一股辫略偏左下的位置。由于扎头顶一股辫时是在正中线略偏右的位置，所以此时的U型夹大约在正中线上。

86.梳理过左手位置后，用左手握住发束，用右手的拇指和尖尾梳夹住发束，梳理到发梢为止。

87.换右手握住发束，左手取尖尾梳，以头顶一股辫橡皮筋位置和左耳前上方连线为参考，在发束上紧贴尖尾梳的尾部。这时，梳子的末端从发束上浮起来也没关系，靠近耳朵部分的发束要与梳子紧紧贴住。

88.保持住尖尾梳尾部与头发紧贴的状态，抬高右手将发束折回，继续保持发束折返状态。以右手中指为旋转中心，翻转手腕，顺时针将发束缠绕在中指上（※9）。

89.用右手的拇指、食指和中指捏住发束，左手保持住尖尾梳的位置，以尖尾梳的尾部为基线，顺时针扭转发束。

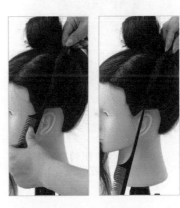

90.扭转发束至头顶高度后，右手捏住发束保持稳固，左手慢慢将尖尾梳抽出。要沿原有的固定轨迹，保持紧贴头发的状态抽出。

※9 握住发束的方法

不握住发梢侧，只用食指和中指夹着的话，在折回发束的时候，垂下的发梢会成为障碍。

1. 用食指和中指夹住发束。

2. 发梢侧用无名指和小指握住，这个细节很重要。

3. 用这种状态握住发束能保持发束的稳定。

91. 左边已经折返并扭转后的状态。

92. 保持步骤91的状态，使用左手将扭转后的左侧发区发束固定在步骤79中圆形卷的左侧，而后右手略微松开，向发梢方向移动，握住发尾部分。

93. 右手将步骤92中按压固定后余下的发尾部分再次进行扭转，与步骤89同样做顺时针扭转。

94. 将步骤93中扭转后的左侧发区发束固定在步骤79中圆形卷的后侧。

95. 右手食指和中指背面按压在步骤94中U型夹的前方，左手捏住固定后余下的发尾向前翻转，缠绕在右手的手指上，直至发梢。

96. 将缠绕成圆形卷的发尾放平按住，重叠在步骤79中圆形卷的上方。右手手指抽出发束的圆环，整理发梢部分，使其贴合头皮，不要翘起。

97. 将左手按压平整的圆形卷用U型夹内固。

98. 左侧发区折返扭转后，制作圆形卷并固定的状态。

4.9 右侧发区折返后扭转

99. 取右侧发区的发束，使用涂抹了定型剂的包发梳进行梳理（※10）。

100. 再使用尖尾梳进行梳理。将头发的走向整理为自然向后弯曲的状态后，用单叉夹暂时固定住。

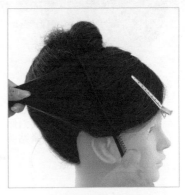

101. 右侧发区也和左侧发区一样，将尖尾梳紧贴在头顶一股辫橡皮筋位置和右耳前上方的连线上。

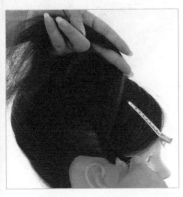

102. 保持住尖尾梳尾部与头发紧贴的状态，抬高左手，将发束折回。

103. 保持发束折返状态，以左手中指为旋转中心，翻转手腕，逆时针将发束缠绕在中指上。

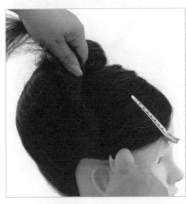

104. 和左侧发区，同样用左手的拇指、食指和中指捏住发束，右手保持住尖尾梳的位置，以尖尾梳的尾部为基线逆时针扭转发束。

※10 前额区的梳理方法 现在我们来复习一下前额区分区后，发量较多的一侧的梳理方法吧。

1. 将右侧发束整体向后梳理。

2. 将包发梳贴近右侧发区靠近前额的发束，以画曲线的方式向后进行梳理，使发束在额头上形成一个下垂的弧度。

3. 使发束在前额的下垂高度大约与握住发束的左手齐平，而后继续梳理，到发梢为止。

4. 将包发梳贴近右侧发区中间的发束，以画曲线的方式向后进行梳理，曲线的弧度要比步骤2中的曲线弧度略小。

105. 扭转发束至头顶高度后，左手捏住发束保持稳固，右手慢慢将尖尾梳抽出。要沿原有的固定轨迹，保持紧贴头发的状态抽出。

106. 保持步骤105的状态，使用右手将扭转后的右侧发区发束固定在头顶一股辫的右侧，而后左手略微松开，向发梢方向移动，握住发尾部分。

107. 左手将步骤106按压固定后余下的发尾部分再次进行扭转，与步骤104同样做逆时针扭转，而后将扭转发束用U型夹固定在头顶一股辫的后方。

108. 右手食指和中指按压在步骤107中U型夹的上方，左手捏住固定后余下的发尾向右翻转，缠绕在右手的手指上，直至发梢。

109. 在头顶一股辫的下方，将缠绕成圆形卷的发尾放平按住，右手手指抽出发束的圆环，整理发梢部分，使其贴合头皮，不要翘起，而后用U型夹内固。

110. 右侧发区折返扭转后，制作圆形卷并固定的状态。

5. 将包发梳贴近右侧发区后侧的发束，以比步骤4中更小的弧度画曲线进行梳理。

6. 再换成尖尾梳，采用和步骤2同样的曲线轨迹移动尖尾梳进行梳理。

7. 将尖尾梳贴近右侧发区中间的发束，以画曲线的方式向后进行梳理，曲线的弧度要比步骤6中的略小。

8. 将尖尾梳贴近右侧发区后侧的发束，以比步骤7中更小的弧度画曲线进行梳理。

4.10　在左侧固定一股辫

111. 取头顶一股辫，向正上方提拉。使用涂抹了定型剂的包发梳进行梳理以后，再用尖尾梳进行梳理。

112. 一直梳理到发梢为止，用左手握住头顶一股辫的发根附近。

113. 握住一股辫的左手略微上移，在距离发根 3 厘米左右的位置握住，而后用橡皮筋扎起。这次扎起的橡皮筋距离头顶一股辫原来的橡皮筋 3 厘米左右（※11）。

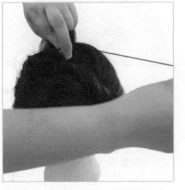

114. 将橡皮筋向右侧拉伸以后，用左手食指和中指在一股辫左侧夹住橡皮筋。这样的话，能够在放开右手后依然保持橡皮筋拉伸的状态。

115. 将橡皮筋逆时针缠绕在头顶一股辫上 3~4 圈。

※11　一股辫上缠绕橡皮筋的位置

在距离一股辫发根 3 厘米左右的位置，使用橡皮筋进行缠绕扎起。

116. 用橡皮筋缠绕好发束之后，左手的拇指和食指在一股辫上按压住橡皮筋，橡皮筋的两端则用右手握住。

117. 将其中一根橡皮筋的末端穿过两根橡皮筋交叉后形成的洞，且需要穿过两次，但不要系死结。

118. 两只手各拿起橡皮筋的一端，在距离头顶一股辫发根约3厘米处系起来。

119. 在距离头顶一股辫发根约3厘米处用橡皮筋扎起来后的状态。

120. 用右手按压住步骤113~119中距离头顶一股辫发根约3厘米处的橡皮筋，左手按压住发根处的橡皮筋，将发束向左侧发区倾斜，同时右手略微向发梢方向移动橡皮筋，使其配合发束向左倾斜的走向。

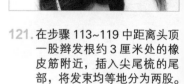

121. 在步骤113~119中距离头顶一股辫发根约3厘米处的橡皮筋附近，插入尖尾梳的尾部，将发束均等地分为两股。

122. 将两股发束向左右两侧分开，略微用力拉伸，使距离一股辫发根约3厘米处的橡皮筋向发根处略微移动，以避免两股橡皮筋之间发束过多，在之后固定的假发片外面露出的情况。

4.11 头顶区做侧偏式发髻

123. 取头顶一股辫的发束，用尖尾梳梳理到发梢后，在中间到发根的位置进行倒梳。

124. 将假发片整理为椭圆球形（※12）。

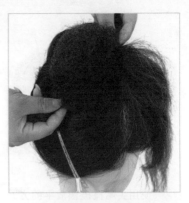

125. 将已经整理好的假发片，稍稍倾斜地放置在头顶一股辫的发根处。

126. 用 U 型夹在假发片右侧进行固定。

127. 用 U 型夹在假发片左侧也进行固定。

128. 假发片固定在头顶一股辫发根处的状态。

※12 假发片的整理方法 复习第 1 章中假发片整理方法。

1. 首先将假发片进行初步整理，使之形成中心处比较厚重，周围较为稀薄的形态。

2. 用右手拿住假发片的一侧，掌心朝下，使假发片自然下垂。

3. 左手展开，轻轻握住假发片，抚平其表面。

4. 微微弯曲左手手掌，成球状，将假发片包裹在手中。

5. 左手包裹假发片，右手对其的形态进行整理。

6. 右手整理假发片表面，将凸起的地方按进内部，凹陷的地方向外提拉。

129. 使用尖尾梳梳齿放平的方式梳理头顶一股辫的外侧，也就是不接触假发片的一侧，梳理至中间为止。

130. 用左手手背按压住步骤128中固定好的假发片，尖尾梳托住发束，不要松开。

131. 使用尖尾梳将步骤129中梳理后的左侧发束向右后方翻转，置于左手之上，而后将梳齿垂直插入发束中，梳理到发梢为止。

132. 后移左手，将头顶一股辫完全覆盖在假发片之上，并使用尖尾梳梳齿放平的方式梳理其外侧，直到发梢为止。

133. 两手分别捏住步骤120中扎起的橡皮筋处，向发髻两边提拉扩展，使发髻完全覆盖包裹住假发片。

7. 反复进行步骤3~6的操作，而后将整理成椭圆球形的假发片拿在右手中，左手拉取其下端。

8. 将拉取出的假发片向上翻转并包裹住握在右手中的假发片，使其表面平整。

9. 翻转手掌，将假发片平放在左手掌心，右手对其表面进行整理，将其整理成椭圆球形。

10. 假发片整理完成后的状态。

134. 使用尖尾梳对发髻靠近后脑区的边缘进行梳理，注意保持梳齿放平的方式，避免刮到内侧的假发片。

135. 一边用左手略微按压住发髻，一边使用尖尾梳梳理，直至发髻的发尾。

136. 继续使用尖尾梳梳齿放平的方式梳理发髻中间偏后脑区的位置，自发根向发尾方向梳理，注意用左手来保持发髻的形态不变。

137. 使用单叉夹自上而下插入，暂时将梳理好的发髻靠近后脑区的部分固定住。

138. 使用尖尾梳对发髻中间进行梳理，注意保持梳齿放平的方式，避免刮到内侧的假发片。

139. 一边用左手略微按压住发髻，一边使用尖尾梳梳理，直至发髻的发尾。

140. 使用尖尾梳梳齿放平的方式梳理发髻中间偏前额区的位置，自发根向发尾方向梳理。

141. 使用单叉夹自上而下插入，暂时将梳理好的发髻中间部分固定住。

142. 使用尖尾梳对发髻靠近前额区的边缘进行梳理，自发根向发尾方向梳理。

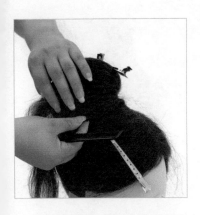

143. 将发髻靠近前额区的边缘向下扩展，与头顶区的头发完全衔接，避免假发片从缝隙中露出。

144. 使用尖尾梳对发髻靠近前额区的边缘进行梳理，自发根向发尾方向梳理。

145. 一边用左手略微按压住发髻，一边使用尖尾梳梳理，直至发髻的发尾。

146. 使用单叉夹自上而下插入，暂时将梳理好的发髻靠近前额区的部分固定住。

147. 左手集合发髻的发尾部分，并带向后脑区右侧。使用尖尾梳从左到右进行梳理，也就是从发髻后侧梳理至发梢。注意发尾走向要与后脑区右侧发束的走向保持一致。

148. 一边用左手略微按压住发髻，一边使用尖尾梳向右侧梳理，直至发髻的发梢。

149. 使用单叉夹自上而下插入，暂时将梳理好的发髻后侧部分固定住。

150. 用左手按压固定发髻的形态，继续对发尾部分进行梳理，使其将右侧的假发片完全覆盖住。

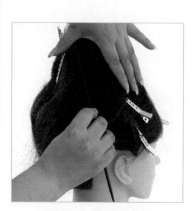

151. 一边用左手按压住发髻，一边用尖尾梳梳理发尾。注意不要产生裂隙，以免假发片露出来。

152. 使用单叉夹自上而下插入，暂时将梳理好的发髻的右侧部分固定住。

153.用左手按压固定发髻的形态，继续对发尾部分的右侧进行梳理。

154.对发尾的左侧也要进行梳理，不要忘记用左手保持发髻的形态。

   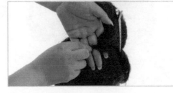

155.梳理完成后，用右手握住发髻的发尾，使其在发髻下方向左侧弯曲。

156.左手食指和中指插入发尾弯曲的内侧。

157.右手将发尾逆时针缠绕在左手食指上。

158. 缠绕至发梢为止，而后用左手拇指和食指捏住发尾部分做出的圆形卷。

159. 将圆形卷继续向发髻一侧缠绕，边缠绕边按压进发髻后方的内侧。

160. 右手按压固定住发髻后方的圆形卷，将左手手指从圆形卷中抽出。

161. 用左手按压住圆形卷，右手拿尖尾梳的尾部向内按压圆形卷的发梢，使其深入发髻的内侧，以免翘起。

162. 用 U 型夹将圆形卷固定在发髻后方的内侧（※13）。

163. 侧偏式发髻完成后的状态。

※13
用 U 型夹固定时的注意点

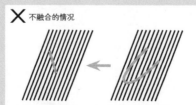

✗ 不融合的情况

○ 融合的情况

不顺着头发的走向插入 U 型夹的话，由于没有和头发融合起来，U 型夹就会凸显出头发表面，从而变得格外醒目。

用 U 型夹固定头发的时候，顺着头发的走向插入 U 型夹，头发就会与 U 型夹相互融合，从外表上看不出 U 型夹的存在，发束表面更加平整自然。

4.12 完成效果

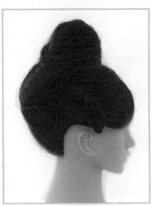

让我们来复习一下吧

已经掌握假发片的整理方法了吗?

本章中制作的硬质锥形假发片和第2章中讲解过的柔和锥形假发片有着异曲同工之。相对于柔和锥形假发片而言,硬质锥形假发片的质感更为紧致、结实、有弹性,按压时不会形成明显的凹陷。

知道用发束覆盖假发片的要点了吗?

用发束来覆盖假发片的时候,使用包发梳和尖尾梳进行梳理的同时,要移动所站立的位置。根据操作对象和手法的不同做出相应的站位调整,才会显现出美观的造型。

发髻的发尾和后脑区右侧发束的走向是否保持一致了呢?

想要呈现出美观的侧偏式发髻,后面的形态也不可马虎。发髻的发尾要和后脑区右侧发束的走向保持一致,才能使发型具有整体感和衔接效果。仔细地一边进行梳理,一边使表面更加美观吧。

4.13　调整发型

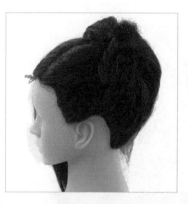

01. 制作后脑区包裹假发片的造型；对左侧发区进行折返后扭转，制作圆形卷并进行固定。

02. 在前额区以右侧黑眼珠向上的延长线为界将右侧发区分为两个部分，分别是前额区中间的发束和新的右侧发区的发束。

03. 取分区后的右侧发区的发束，使用涂抹了定型剂的包发梳进行梳理。

04. 在太阳穴位置紧贴尖尾梳的尾部，向右侧发区和前额区中间部分的分区线上画斜线，终点在分区线上距离前额发际线约5 厘米的位置，分取出一股三角形的发束。

 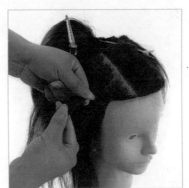

05. 在步骤4中分取出的发束中插入左手食指和中指，将发束均等地分成三股。

06. 以后方为基本方向，使用等分的三股发束编反三股双边添束辫，至右侧发区与后脑区分区线为止，将右侧发区的发束都编入反三股双边添束辫内，之后继续编反三股辫至发梢。

   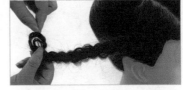

07. 在编好的反三股辫上拉出细小的发束。

08. 在反三股辫的发梢处用尖尾梳进行倒梳，注意左手捏住反三股辫的发梢，防止发辫散开。

09. 将已经编好且经过拉松和倒梳操作的发辫，从发梢的一侧开始向发根处旋转，形成圆环状的旋涡卷（※14）。

※14 **发辫形成旋涡卷**

发辫从发梢向发根旋转时不要重叠，每一个旋转得到的圆环都位于上一个圆环的外侧。这样做的话，已经编好的发辫就看起来如同花苞一样了。

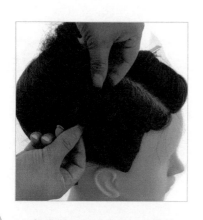

10. 将发辫一直向发根方向旋转，直到右侧发区与后脑区的分区线前方。

11. 左手按压住发辫形成的漩涡卷，在靠近后脑区一侧和靠近头顶区一侧的位置分别用 U 型夹固定。

12. 对右侧发区发束进行编发和整理成漩涡卷后固定好的状态。

13. 取分区后的前额区中间的发束，使用涂抹了定型剂的包发梳进行梳理。

14. 在前额区中间发束和左侧发区的分区线上，以分区线中间为起点，向前额区与后脑区的分区线画斜线，取厚度为 1.5 厘米左右的发束，而后将发束平均分成三股。

15. 以右前方为基本方向，使用等分的三股发束编反三股双边添束辫，至前额区发际线为止，将前额区中间的发束都编入反三股双边添束辫内，之后继续编反三股辫至发梢。

16. 在编好的反三股辫上拉出细小的发束。

17. 在反三股辫的发梢处用尖尾梳进行倒。注意左手捏住反三股辫的发梢，防止发辫散开。

18. 将已经编好且经过拉松和倒梳操作的发辫，从发梢一侧开始向发根处旋转，形成圆环状的旋涡卷。

19. 将发辫一直向发根方向旋转，直到右侧发区与前额区中间的分区线右侧，紧邻步骤 12 中固定的旋涡卷前侧并保持与之相同的高度。

20. 左手按压住前额区中间的发辫形成的漩涡卷，在靠近后脑区一侧和靠近头顶区一侧的位置分别用 U 型夹固定。

21. 对前额区中间发束进行编发和整理成漩涡卷后固定好的状态。

22. 取头顶一股辫，使用涂抹了定型剂的包发梳进行梳理。

23. 将头顶一股辫编成三股辫的样式。

24. 左手拇指和食指捏住三股辫的发根位置，右手捏住反三股辫的发梢，防止发辫散开，同时以顺时针方向将发辫缠绕在发根上。

25. 用左手按压住缠绕后的发辫，使用 U 型夹在左侧进行内固。

26. 缠绕发辫的右侧也用 U 型夹进行内固。

27. 使用 U 型夹固定后，就可以放开发梢部分了。

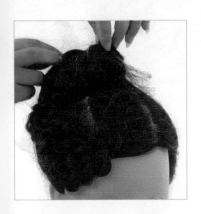

28. 从正面察看缠绕后的发辫，对发辫进行一些拉松的调整，使得整体更为平衡。

29. 用包发梳梳理发梢部分，整理发梢的走向，使其融入缠绕发辫之中。

30. 用 U 型夹固定发梢部分。

4.14 调整发型后的效果

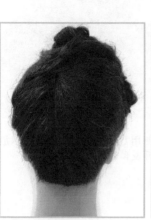
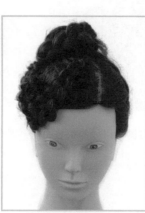
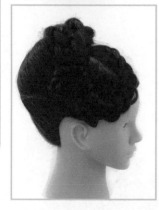

4.15 调整对比

与调整前的发型完成效果相比，到底是哪里进行了整理和改变呢？让我们来确认一下吧。

 调整后  调整前

后脑区

调整后　调整前

后脑区包裹假发片的造型，在调整前和调整后都是相同的，但调整前的发髻在后脑区也展示出一定的挺拔效果。调整后的头顶区则没有使用假发片，而是采用编发的形式，与后脑区光滑的表面形成一定的对比效果。

前额区和发髻

调整后　调整前

调整前的前额区和发髻都具有光滑的表面，而且发髻表面呈现出较多的发量效果，给人更加古典的印象。调整后的前额区增加了编发和漩涡卷的操作，使得整体的华丽感表现出来，而头顶区的编发则给人更加休闲的印象。

左侧发区

调整后　调整前

左侧发区同样都是折返后扭转并制作圆形卷的操作，所以没什么差别。调整前的发髻对左侧发区的圆形卷具有一定的遮盖作用，使得整体上更加平滑，而调整后的编发则与圆形卷形成相互呼应的节奏。

右侧发区

调整后　调整前

右侧发区在调整前和调整后的差别比较大，调整前的右侧发区是折返后扭转并制作圆形卷的操作，与光滑的后脑区和发髻形成配合。调整后的右侧发区设计了编发和漩涡卷，更加具有华丽的效果。

4.16　复习假发片的整理

让我们来复习一下,到目前为止所学习过的假发片的整理方法吧。

三角形假发片

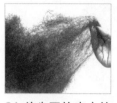

01. 首先要检查大块假发片的状态,选择表面平整美观的部分进行摘取。

02. 对假发片进行摘取,目测大小与手掌差不多即可。

03. 一边有意识地做成倒三角形,一边取得假发片的一端。

04. 右手握住假发片,左手从其一侧摘取出一小部分,而后将左手摘取出的小部分假发片包裹进右手三角形假发片之内。这个时候要用右手压住三角形的假发片,注意小部分的假发片既不能从旁边露出来,也不能从三角形假发片的上方穿透出来。

05. 从融为一体的假发片中再次摘取一小部分。

06. 将摘取出的小部分假发片包裹进大假发片之内,这种摘取小部分假发片向大假发片内进行包裹的操作要多次反复进行。

07. 反复的摘取和包裹使得中心处比较厚重,周围则较为稀薄。

08. 用两手夹住假发片,仔细确认中心的厚度是不是已经形成。

09. 从三角形假发片的底边中点处拉出一束假发片,向对侧的顶角方向拉取。

10. 将已经拉取出的假发片拉至对侧顶角,并越过顶角向内侧继续拉取,相当于将假发片包裹起来的效果。

11. 三角形假发片整理完成后的形态。

12. 左手将假发片固定在头发上,右手手指插入假发片和发根的间隙中,将假发片周边稀薄的发丝卷入内侧并整理假发片的形状。

13. 整理左侧假发片时,用右手按住右侧假发片不动,左手对左侧的假发片进行整理。

14. 整理下方假发片时,也是一只手按住上方假发片不动,另一只手整理下方假发片。

椭圆球形假发片

01. 将假发片整理为中心处比较厚重，周围较为稀薄的形态。

02. 用右手拿住假发片的一侧，掌心朝下，使假发片自然下垂。

03. 用左手整理假发片的表面。

04. 微微弯曲左手手掌成球状，将假发片包裹在手中。

05. 左手包裹假发片，右手对假发片的形态进行整理，将凸起的地方按进内部，凹陷的地方向外提拉。

06. 多次重复步骤03~05的操作。

07. 将假发片拿在右手中，左手拉取其下侧一端。

08. 将拉取出的假发片向上翻转并包裹住握在右手中的假发片，使其表面平整。

09. 翻转手掌，将假发片平放在左手掌心，右手对其表面进行整理，将其整理成椭圆球形。

10. 椭圆球形假发片整理完成时的状态。

圆球形假发片

01. 先准备好比手掌稍微大一些的假发片，保持每个部位厚薄大小均等的状态。

02. 左手的食指和拇指做成一个圈，放在假发片上与右手掌心相对的一侧。

03. 在用左手手指做成的圈中，使用右手将假发片逐渐填充进去。

04. 一边使假发片紧凑，一边将假发片填充入用左手手指做好的圈中。

05. 反复进行上一步操作。

06. 一直到左手掌心内的假发片越来越少为止。这表明已经将大部分假发片都填充进了左手手指圈住的假发片内。

07. 将假发片向内填充完成后，两手各抓住假发片的一端进行扭转和聚拢。

08. 假发片整理成圆球形的状态。

柔和锥形假发片

01.将假发片整理为中心处比较厚重，周围则较为稀薄的形态。

02.左手握住假发片的一侧，拇指与手掌交叠，使假发片产生相应的重叠。

03.左手紧握假发片，将其向内收缩，右手则展开，包裹住假发片。

04.左手手心朝上握住假发片，右手将周围松散的假发片整理到左手掌心内。

05.右手略微施力按压假发片，使其重量感集中在中心。

06.右手握住假发片，使其形成细长的椭圆形态。

07.左手对假发片进行扩展，最终目的是让假发片保持圆形的形态。

08.用左手握住圆形假发片的下侧，右手拿住假发片的上端并稍稍向上提拉，最后进行翻转，将假发片整理成圆形。

09.假发片整理完成后的状态。用手指轻轻压的时候，表面会产生塌陷，就是柔和锥形假发片。

硬质锥形假发片

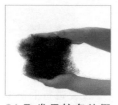

01.取发量较多的假发片，将其整理为中心处比较厚重的形态。

02.对初步整理后的假发片，先握在手掌里，从一端开始仔细地整理成圆形。

03.右手按压住假发片的另一侧，左手将假发片向内重叠压缩，增大密度的同时将其整理成细长形状。

04.双手相互辅助，不断地向内重叠压缩假发片，增加其密度。

05.多次重复步骤03~04的操作，使得假发片形成一端为圆形，另一端为锥形的形状。

06.对假发片进行扩展和包裹的反复操作，使其形成紧凑结实、密度较大的假发片形态。

07.左手握住假发片下端，右手握住假发片上段保持左手不动，右手略微向上提拉假发片，使其形态稍微加长一些。

08.最终整理完成的假发片形状。用手指按压，能感觉到紧致和弹力，这就是硬质锥形假发片。